风吹哪页读哪页，哪页不懂撕哪页

微阳 著

天津出版传媒集团

天津科学技术出版社

图书在版编目（CIP）数据

风吹哪页读哪页，哪页不懂撕哪页 / 微阳著 .
天津：天津科学技术出版社，2024. 9. -- ISBN 978-7
-5742-2473-5

Ⅰ . B84-49

中国国家版本馆 CIP 数据核字第 2024ZR6178 号

风吹哪页读哪页，哪页不懂撕哪页
FENG CHUI NAYE DU NAYE NAYE BUDONG SI NAYE

策划编辑：杨 譞
责任编辑：杨 譞 马 悦 宋佳霖
责任印制：刘 彤
出 版： 天津出版传媒集团
天津科学技术出版社
地 址：天津市西康路 35 号
邮 编：300051
电 话：（022）23332490
网 址：www.tjkjcbs.com.cn
发 行：新华书店经销
印 刷：河北松源印刷有限公司

开本 880×1 230 1/32 印张 7.5 字数 170 000
2024 年 9 月第 1 版第 1 次印刷
定价：46.00 元

生活总会让我们感受成败得失，经历悲欢离合，尝尽世间酸甜苦辣；生活不是一场赛跑，而是一段值得我们细细体悟的旅程。我们对生活的期盼并不重要，重要的是我们的人生要活得漂亮，活出一种精神，活出一种品位，活出一份至真至纯的精彩。

"风吹哪页读哪页，哪页不懂撕哪页"，就是这样一种面对生活的态度。我们既可以接受生活的随机性，享受生活中的每一个瞬间，也可以从容面对生活中的困难和挑战，始终保持积极、乐观的态度，不被困境所束缚，积极地想办法解决问题。

莎士比亚曾说："患难可以试验一个人的品格；非常的境遇可以显出非常的气节。风平浪静的海面，所有船只都可以齐驱竞胜；命运的铁拳击中要害的时候，只有大勇大智的人才能够处之泰然。一个人，在遭遇磨难时如果还能以奋斗的英姿去对抗，那么他的人生就是精彩的。其实，"痛苦"本不是一件坏事，其背后镌刻的是勇敢和坚强。

人可以脆弱，但绝不能懦弱，要有"风吹哪页读哪页，哪页不懂撕哪页"的勇气。面对命运的打击，面对别人的流言蜚语，你应该做的不是哭泣，而是坚强和勇敢，保持清醒冷静的头脑，坦然面对生活，从容面对现实。只有这样，我们才能拥有辉煌的成就，才能成为一个坚不可摧的人！生命是一次次蜕变的过程，唯有经历各种各样的磨难，才能让蜕变得以实现，才能增加生命的厚度。面对挫折和打击，我们要积极地选择方法，放弃自怜自艾，做一名生活的勇者；停止自暴自弃，做一名人生的强者。在困境中忍耐着、坚持着，在走过黑暗与苦难之后你或许会惊奇地发现，平凡如沙粒的你，在不知不觉中，已成长为一颗珍珠。

　　谁的生活不曾有崎岖坎坷，谁的人生不曾有困难挫折？既然不能摆脱人生前进途中必经的磨难，我们就"风吹哪页读哪页，哪页不懂撕哪页"，牢牢地拥有一颗百折不挠的心。请你相信，人生中的种种考验终会过去，如同落花般化为春泥，最终孕育出美妙的生命！

第 1 章 /

你行走在世界的路上，世界却给了你全部的天空

风吹哪页读哪页，哪页不懂撕哪页～～～～

第 **4** 章

总有人间一缕风，填我十万八千梦

风吹哪页读哪页，哪页不懂撕哪页～～～

第7章

你首先要快乐，其次就是其次

第8章

岁月漫漫你别慌，我们迎风写诗章

第 9 章

答案在路上，自由在风里

第1章

你行走在世界的路上，
世界却给了你全部的天空

人生没有绝对的公平，只有相对的公平

在现实中，我们难免会遭遇挫折或不公平的待遇。每当这种情况发生时，有些人往往会产生不满情绪，继而会发牢骚，希望以此吸引别人的注意力，引起更多人的同情。从心理学的角度上讲，这是一种正常的自卫行为。但这种自卫行为同时也会带来一系列负面影响，牢骚、抱怨会削弱责任心，降低工作积极性，这几乎是所有人担心的问题。

通往成功的征途不可能一帆风顺，遇到困难是常有的事。事业的低谷、生活中的种种不如意让你仿佛置身于荒无人烟的沙漠。这种漫长的、连绵不断的挫折往往比那些看似巨大但却可以迅速解决的困难更难战胜。在面对这些挫折时，许多人不是积极地去寻找方法化险为夷，绝处逢生，而是一味地抱怨命运的不公平，抱怨生活给予的太少，抱怨时运不佳。

奎尔是一家汽车修理厂的修理工，从进厂的第一天起，他就喋喋不休地抱怨，"修理这活太脏了，瞧瞧我身上弄的"，"真累呀，我简直讨厌死这份工作了"……每天，奎尔都是在抱怨和不满的情绪中度过的。他认为自己在受煎熬，像奴隶一样在卖苦

风吹哪页读哪页，哪页不懂撕哪页

力。因此，奎尔总是窥视着师傅的眼神与行动，稍有空隙，他便偷懒耍滑，极不认真工作。

几年过去了，当时与奎尔一同进厂的 3 个工友，各自凭着精湛的手艺，或另谋高就，或被汽车修理厂送去大学进修。只有奎尔，仍旧在抱怨中继续做他讨厌的修理工工作。

抱怨的最大受害者往往是自己。生活中你会遇到许多才华横溢的失业者，当你和这些失业者交流时，你会发现，这些人对之前的工作充满了抱怨、不满和谴责。要么就怪大环境不够好，要么就怪老板不识才……总之，牢骚一大堆，积怨满天飞。这就是问题的关键所在——吹毛求疵的恶习使他们失去了责任感和使命

感，只对寻找不利因素兴趣十足，使自己发展的道路越走越窄。于是，他们与公司格格不入，变得无用，最终被迫离开。如果不相信，你可以立刻去询问你所遇到的任何 10 个失业者，问他们为什么没能在所从事的行业中继续发展下去，10 个人当中至少有 9 个人会抱怨原领导或同事的不是，而很少有人能够认识到，自己失业的真正原因在于自己。

提及抱怨与责任，有一位企业领导者一针见血地指出："抱怨是失败的一个借口，是逃避责任的理由。爱抱怨的人没有胸怀，很难担当大任。"仔细观察任何一个管理健全的机构，你会发现，没有人会因为喋喋不休的抱怨而获得奖励和提升。想象一下，船上水手如果总不停地抱怨：这艘船怎么这么破，船上的环境太差了，食物简直难以下咽，以及船长多么愚蠢……这时，你认为，这名水手的责任心会有多大？会对工作尽职尽责吗？假如你是船长，你是否敢让他承担重要的工作？

如果你受雇于某个公司，就应该对工作竭尽全力、主动负责！只要你依然还是整体中的一员，就不要抱怨工作，否则你只会断送了自己的前程。如果你对公司、对工作有满腹的牢骚而无从宣泄时，那就做个选择吧。一是选择离开，到公司的门外去宣泄。二是选择留下，就应该做到在其位谋其职，全身心地投入到工作中去，为更好地完成工作而努力。记住，这是你的责任。

一个人的发展往往会受到很多因素的影响，这些因素有很多是自己无法控制的，比如工作不被认可、才能不被发现、职业发展受挫、上司待人不公、别人总用有色眼镜看自己……这时，能够拯救自己走出泥潭的只有忍耐。比尔·盖茨曾告诫初入社会的年轻人："社会是不公平的，这种不公平遍布于个人发展的每一个阶段。"在这一现实面前，任何急躁、抱怨都没有益处，只有坦然地接受现实并战胜眼前的困难，才能使自己的事业有进一步的发展。

生命中的痛苦是盐，它的咸淡取决于盛它的容器

每个人的生命都是完整的。你的身体可能有缺陷，但你仍然可以拥有一个完整的人生和幸福的生活。

1967 年的夏天，对于美国跳水运动员乔妮来说是一段伤心的日子，她在一次跳水事故中身负重伤，全身瘫痪，只剩脖子以上部位还能活动。

乔妮哭了，她躺在病床上彻夜难眠。她怎么也摆脱不了那场噩梦，跳板为什么会滑？为什么她会恰好在那时跳下去？不论家人怎样劝慰，她总认为命运对她不公。出院后，她叫家人把她推到跳水池旁，她注视着那蓝莹莹的水面，仰望那高高的跳台。一想到自己再也不能站立在熟悉的跳板上了，那温柔的水也不会再溅起朵朵美丽的水花拥抱她了，她又掩面哭了起来。从此她不得不结束了自己的跳水生涯，离开了那条通向跳水冠军领奖台的路。

她曾经绝望过，但现在，她开始冷静思索人生的意义和生命的价值。她借阅了许多介绍如何成才的书籍，一本一本认真地读了起来。她虽然双目健全，但读书也是很艰难的，只能靠嘴衔一根小竹片去翻书，劳累、伤痛常常迫使她停下来。休息片刻后，她又坚持读下去。通过大量的阅读，她终于领悟到：我虽然残疾了，但许多人即使身体残疾了，也在另外一条道路上获得了成功，他们有的成了作家，有的创造了盲文，有的创作出美妙的音乐，为什么我不能？于是，她想起了自己中学时代喜欢画画。她想：我为什么不能在画画上有所成就呢？这位柔弱的姑娘变得坚强自信起来。她捡起了中学时代曾经用过的画笔，用嘴衔着，开始了练习。

　　这是一个常人难以想象的艰辛过程。家人担心她会累坏，于是劝阻她："乔妮，别那么辛苦了，哪有用嘴画画的，我们会养活你的。"可是，他们的话反而激起了她学画的决心，"我怎么能让家人养活我一辈子呢？"于是，她更加刻苦了，常常累得头晕目眩，有时甚至委屈的泪水把画纸也淋湿了。为了积累素材，她还常常乘车外出，拜访美术界大师。很多年过去了，她的辛勤努力没有白费，她的一幅风景油画在一次画展上展出后，得到了美术界的好评。后来，乔妮决心涉足文学创作。她的家人及朋友们又劝她了，"乔妮，你绘画已经很不错了，还搞什么文学，那会更辛苦的。"她没有说话，想起一家杂志社曾向她约稿，让她谈谈自己学绘画的经历和感受。她写了很长时间，可稿子还是没有完

　　风吹哪页读哪页，哪页不懂撕哪页

成。这件事对她刺激太大了，她深感自己写作水平很差，必须一步一个脚印地去学习。

这是一条通向光荣和梦想的荆棘路，虽然艰辛，但乔妮仿佛看到艺术的桂冠在她前面熠熠闪光，等待她去摘取。

是的，这是一个很美丽的梦，乔妮决定要圆这个梦。终于，又经过了许多艰辛的岁月，这个美丽的梦终于成了现实。1976年，她的自传《乔妮》出版并引起了文坛的轰动，她收到了数万封热情洋溢的信。又2年过去了，她的《再前进一步》一书问世了。该书以她的亲身经历，告诉所有的残疾人，应该怎样战胜病痛，立志成才。后来，这本书被搬上了银幕，影片的主角就是由她亲自扮演。她成了年轻人的偶像，成了千千万万个青年自强不息、奋进不止的榜样。

乔妮是值得我们学习的，她用自己的行动向我们展示了这样一个道理：你的生命没有残缺，无论你的命运面临怎样的困境，它们也丝毫阻止不了你实现自己的人生价值。相反，它们会成为你人生道路中一笔宝贵的精神财富。

要么庸俗，要么孤独

成就大业者在创业初期，都是能耐得住寂寞的，古今中外，皆是如此。门捷列夫的化学元素周期表的诞生，居里夫人的镭元素的发现，陈景润在哥德巴赫猜想中摘取的桂冠等，都是他们在寂寞单调的环境中扎扎实实做学问，在反反复复的冷静思索和数次实践中获得的成就。每个人一生中的际遇肯定不会相同，然而只要你耐得住寂寞，不断充实、完善自己，当机会向你招手时，你就能很好地把握住并可能获得成功。有"马班邮路上的忠诚信使"称号的王顺友就是这样一个耐得住寂寞的人。

王顺友，四川省凉山彝族自治州木里藏族自治县邮政局投递员，全国劳动模范，2007年"全国道德模范"的获得者。他一直从事着一个人、一匹马、一条路的艰苦而平凡的乡邮工作。邮路往返里程360千米，月投递两班，一个班期为14天。22年来，他送邮行程达26万多千米，相当于走了21个二万五千里长征，相当于围绕地球转了6圈！

王顺友负责的马班邮路，山高路险，气候恶劣，一天要经过几个气候带。他经常露宿在荒山岩洞、乱石丛林中，经历了被野兽袭击、意外受伤乃至大肠被马踢破等艰难险境。他常年奔波在漫漫邮路上，一年中有330天左右的时间是在大山中度过，无法照顾多病的妻子和年幼的儿女，却从来没有向上级单位提出过任何要求。

为了排解邮路上的寂寞和孤独，娱乐身心，他自编自唱山歌，其中不乏佳作，像《为人民服务不算苦，再苦再累都幸福》，等等。为了能把信件及时送到群众手中，他宁愿在风雨中多走山路，改道绕行以方便沿途群众。他还热心为农民群众传递科技信息、致富信息，并帮忙购买优良种子。为了给群众捎去生产生活用品，王顺友甘愿绕路、贴钱、吃苦，因此受到群众的广泛称赞。

20多年来，王顺友没有延误过一个班期，没有丢失过一封邮件，没有丢失过一份报刊，投递准确率达到100%，为中国邮政的各项服务做出了最好的诠释。

王顺友是成功的，因为他耐住了寂寞，战胜了自己。耐得住寂寞，是所有成就事业者锻炼意志力和毅力的必修课程。

耐得住寂寞是一种难得的品质，不是与生俱来的，也不是一成不变的，它需要长期的艰苦磨炼和深思熟虑的自我修养、完善。耐得住寂寞是一种有价值、有意义的积累，而耐不住寂寞是对宝贵人生的浪费。

一个人的生活中总会有这样那样的挫折，会有这样那样的机遇，只要你有一颗耐得住寂寞的心，用心去对待、去守望，成功就可能会属于你。

失去其实是另一种拥有

人生就像一场旅行，在旅行中，你会用心去欣赏沿途的风景，同时也会面临各种各样的考验。在这个过程中，你或许会失去许多，但是，你同样也会收获很多。因为，失去是另一种获得。

有一位住在深山里的农民，经常觉得环境艰险，难以生活，于是便四处寻找致富的好方法。

一天，一位从外地来的商贩给他带来了一样好东西，尽管在阳光下看那只是一粒粒不起眼的种子。但据商贩讲，这不是一般的种子，而是一种叫作"苹果"的水果种子。只要将其种在土壤里，2年以后，就能长成一棵棵苹果树，结出数不清的果实，将苹果拿到集市上，可以卖好多钱呢！

欣喜之余，农民急忙将苹果种子小心收好，但脑海里随即涌现出一个问题：既然苹果这么值钱、这么好，会不会被别人偷走呢？于是，他特意选择了一块偏僻的山野来种植这种颇为珍贵的果树。

经过近2年的辛苦耕作，浇水施肥，小小的种子终于长成了一棵棵茁壮的果树，并且结出了丰硕的果实。

这位农民看在眼里，喜在心中。虽然因为缺乏种子的缘故，果树的数量还比较少，但结出的果实也肯定可以让自己过上好一点儿的生活。

他特意选了一个好日子，准备在这一天摘下成熟的苹果，然后挑到集市上卖一个好价钱。当这一天到来时，他非常高兴，一大早便上路了。

当他气喘吁吁地爬上山顶时，心里猛然一惊，他看到那一片红灿灿的果实，竟然被外来的飞鸟和野兽吃了个精光，只剩下满地的果核。

想到这2年的辛苦劳作和热切期望，他不禁伤心欲绝，大哭起来。他的财富梦就这样破灭了。在随后的日子里，他的生活仍然艰苦，只能苦苦支撑，一天一天地熬日子。不知不觉之间，几年的光阴如流水一般逝去。

一天，他偶然又来到了这片山野。当他爬上山顶后，突然愣

住了。因为在他面前出现了一大片茂盛的苹果林，树上结满了果实。

这会是谁种的呢？他思索了好一会儿才找到了答案：这一大片苹果林都是他自己种的。

几年前，那些飞鸟和野兽在吃完苹果后，就将果核吐在了旁边。经过几年的生长，果核里的种子慢慢发芽生长，终于长成了一片更加茂盛的苹果林。

现在，这位农民再也不用为生活发愁了，这一大片林子中的苹果足以让他过上富足的生活。

这个故事告诉我们，有时候，失去是另一种获得。花草的种子失去了在泥土中的安逸生活，却获得了在阳光下发芽生长的机会；小鸟失去了几根美丽的羽毛，经过跌打，却获得了在蓝天下凌空展翅的机会。人生总在失去与获得之间徘徊，没有失去，也就无所谓获得。

一扇门如果关上了，必定有另一扇门打开。你失去了一种东西，必然会在其他地方有所收获。关键是，你要有乐观的心态，相信有失必有得，要舍得放弃，正确对待你的失去。

不只是你从贫穷中长大

有些人看到有钱的人大富大贵，以为他们很幸福，但是有钱的人心里不一定愉快。有些人，别人看他们离幸福很远，他们自己却时时与快乐邂逅。我们虽然无法改变自己目前的境况，但我们可以改变自己创造未来的心态。没了工作不要紧，但不能没有快乐。如果连快乐都失去了，那人生将是一片黑暗而没有边际的森林。

在贫穷面前，我们不必感到自卑。金钱给予我们的只是我们所需要的一小部分，还有很多值得我们追求的东西，物质上的贫穷并不代表人生的贫乏。而且贫困往往只是暂时的，因为你永远有选择现在就动手改变的机会。

贫穷与暂时的负债对懦弱的人会产生一股强大的摧毁力，而意志坚定的人却认为这是对自己的磨炼。

拿破仑是科西嘉人，他的父亲虽很高傲，但是家境清寒。幼时，他父亲令他进入布里埃纳军校。校中的同学大都恃富而骄，讥讽家境清寒的同学，所以拿破仑常受同学们的欺侮。他起初逆来顺受，竭力抑制自己的愤怒，但同学们的恶作剧愈演愈烈。他终于忍无可忍，于是函请父亲准他转学，希望逃离这可怕的环境。可是他的父亲来信回复他说："你仍须留在校中读书。"他不得已，只能忍受，饱尝了5年的痛苦。他每次遇到同学们侮辱性的嘲弄，不但没有意志消沉，反而增强了他的决心，准备将来战胜这些纨绔子弟。

当拿破仑16岁任少尉的那年，父亲不幸去世，在他微薄的薪俸中，尚需节省一部分钱来赡养他的母亲。那时，他又接受调遣，须长途跋涉，到瓦朗斯的军营服役。到了军营，眼见伙伴们大都把闲余的光阴虚度，拿破仑知道自己绝不会和他们一样。他想要甩掉这顶贫穷的帽子，改变自己的命运。他把他闲余的光阴全放在读书上。他早有了理想的目标，他在艰苦的环境中埋头研习，数年的工夫，积累下来的笔记后来被人整理出来，竟有四个大箱子。

这时，他已设想自己是一个总司令，他绘制了科西嘉岛的地图，并将设防计划罗列在上面，根据数学原理精确计算。于是，他逐渐崭露头角，为长官所赏识，担任重要的工作，从此青云直上。其他人对他的态度大大改观，从前嘲笑他的人，反而接受他指挥；轻视他的人，也以受他稍一顾盼为荣；揶揄他的人，也对他虔诚崇拜。

拿破仑的成功，固然是因为他的天分和学识修养，但最重要的还是他的意志坚强。他的意志，是在艰苦环境中磨砺出来的。假若他不受同学们难堪的侮辱，或者他父亲允许他退学，但如此一来不经历风雨，他可能也就不会成为世界上人人皆知的拿破仑一世。

困苦的环境，固然可以磨砺你的志气，但也可以消磨你的志气。你不战胜环境，环境便战胜你。你因为受了冷酷无情的打击，便妄自菲薄，以为前途绝无希望，听任命运的摆布，那么你将一事无成。

而拿破仑绝不是这样，他认为世界上没有不可改变的环境，尽力战胜先天的劣势，不退却。

与其把大好的时间和精力放在为"钱"的忧虑上，还不如打点行装、振作精神去为赚钱做好准备，用良好的心态开创光明的前程。

如果你为了没有鞋而哭泣，那么看看那些没有脚的人

有这样一句话："在这个世界上，你可以是自己最好的朋友，你也可以成为自己最大的敌人。"当你接受自己、爱自己时，你的心里就洒满了阳光；而当你排斥自己、讨厌自己时，你的心灵就会覆盖冰雪。要知道，微不足道的烦恼也可以毁掉你的整个生活。

有一个富翁，为了教育每天精神不振的孩子知福惜福，便让他到当地最贫穷的村落住了1个月。1个月后，孩子精神饱满地回家了，脸上并没有带着被"下放"的不悦，这让富翁感到不可思议。富翁想要知道孩子有什么想法，问道："怎么样？现在你知道，不是每个人都能像我们这样生活吧。"

孩子说："是的，他们过的日子比我们还好。

"我们晚上只有灯，他们却有满天星空。

"我们必须花钱才买得到食物，他们吃的却是自己的土地上种植的免费食物。

"我们只有一个小花园，对他们来说到处都是花园。

"我们听到的都是噪声，他们听到的都是自然的音乐。

"我们工作时神经紧绷，他们一边工作一边大声唱歌。

"我们要管理佣人、管理员工，他们只要管好自己。

"我们要被关在房子里吹冷气，他们在树荫下乘凉。

"我们担心有人来偷钱，他们没什么好担心的。

"我们老是嫌菜不好吃，他们有东西吃就很开心。

"我们常常失眠，他们睡得很安稳。

"所以，谢谢你，爸爸。你让我知道，我们是多么贫穷。"

很多刚刚踏入社会的年轻人，无论思想还是为人处世，都有许多不成熟的地方，却又异常敏感。他们希望事事做到完美，希望人人都能赞许他们。但当这种想法不能实现时，他们就容易陷入消极的情绪，觉得自己是全世界最倒霉的人了。

也许，你并不确切地了解自己幸运与否。没关系，这有一份专家们的"全球报告"，我们来细细地对照一下吧：

如果我们将全世界的人口压缩成一个 100 人的村庄，那么这个村庄将有：

57 名亚洲人，21 名欧洲人，14 名美洲人和大洋洲人，8 名非洲人；52 名女人和 48 名男人；6 人拥有全村财富的 89%，而这 6 人均来自美国；80 人住房条件不好；70 人为文盲；50 人营养不良；1 人正在死亡；1 人正在出生；1 人拥有电脑；1 人（对，只有 1 人）拥有大学文凭。

如果我们从这种角度来认识世界，我们就能发现：

假如你有食物可吃，有衣可穿，有房可住，有床可睡，那么你比世界上 75% 的人更富有。

假如你在银行有存款，钱包里有现钞，口袋里有零钱，那么你属于世界上幸运的 8% 的那些人。

假如你父母双全没有离异，那你就是很稀有的人。

假如你今天早晨起床时身体健康，没有疾病，那么你比其他几千万人更幸运，他们甚至看不到下周的太阳。

假如你从未经历过战争的危险、牢狱的孤独、酷刑的折磨和饥饿的煎熬，那么你的处境比其他 5 亿人更好。

假如你读了以上的文字，说明你不属于 20 亿文盲中的一员，而他们每天都在为不识字而痛苦……

看吧，原来我们这么幸运。只要肯用心去发现，用心去体会，我们当下拥有的，足以幸福一生了。

学会豁达一些，在关注他人财富的同时，也细细清点一下自己所拥有的，你会发觉，自己的运气其实一点儿都不差。

真实的人生，在意料之外

在过去的岁月里，对你而言，或许是页页创痛的伤心史。在回顾过去的一切时，你也许会觉得自己处处失败，一事无成。你期待着自己有所作为却不能如愿，甚至连你的亲戚朋友，也要离弃你！你的前途，似乎十分惨淡和黑暗！但是，只要你不甘心永远屈服于失败，胜利就会向你招手。

从古至今，有多少英雄豪杰不会因一次的挫折而一蹶不振，我们要学习他们越挫越勇的精神。

人的一生不可能一帆风顺，遇到挫折和困难是难免的。你

不可能一直处于顺境，一直处于辉煌阶段。当你的人生走到了"山"的顶峰时，就必然会走下坡路，但我们要如何做到坦然面对、放平心态，这才是最重要的。

在 20 世纪 60 年代初期，美国化妆品行业的"皇后"玫琳凯把她一辈子积攒下来的 5000 美元作为全部资本，创办了玫琳凯化妆品公司。

为了支持母亲实现"狂热"的理想，玫琳凯的两个儿子也辞去了原来较好的工作，加入母亲创办的公司中来，宁愿只拿 250 美元的月薪。玫琳凯知道，这是背水一战，是在进行一次人生中的大冒险。如果失败，不仅自己辛辛苦苦一辈子攒下的积蓄将血本无归，还可能葬送她的两个儿子的美好前程。

在创建公司后的第一次展销会上，她隆重推出了一系列功效非凡的护肤品。按照原来的计划，这次活动将引起轰动，一举成功。但是，"人算不如天算"，整个展销会下来，她的公司只卖出了 15 美元的护肤品。

在残酷的事实面前，玫琳凯不禁失声痛哭。而在哭过之后，她反复地问自己："玫琳凯，你究竟错在哪里？"

经过认真的分析，她及时调整了自己的心态，坦然地接受了这一切。最后终于悟出了一点：在展销会上，她的公司从来没有主动邀请别人来订货，也没有向外发传单，而是希望人们自己上门来买东西……难怪在展销会上落到如此下场。

于是她从第一次失败中站了起来。如今，玫琳凯化妆品公司已经发展成为一家国际化的公司，拥有 20 万人的推销队伍，年销售额超过 3 亿美元。

已经步入晚年的玫琳凯能创造如此奇迹是因为当她面对挫折时，坦然地接受了这一切，悟出一个好的想法并着手开始自己的行动，最后获得了巨大的成功。

要善于检验你人格的伟大力量，你应该常常扪心自问，在遭受了失败以后，你还有多大勇气？如果你在失败之后，从此一蹶不振，撒手不干而自甘永久屈服，那么别人就可以断定，你根本算不上什么强者；但如果你能雄心依旧、大步向前，不绝望、不放弃，那么别人就可以断定，你的人格之高、勇气之大，是可以超过你的损失、灾祸与失败的。

无论你是作家，还是企业家，或者是运动员，当你进行新的尝试时，你可能会犯错误，只要不断对自己提出更高的要求，就都难免会遇到失败，重要的是要从中吸取教训。

古人云："前事不忘，后事之师。"在战胜挫折方面，我们的祖先已经给我们树立了太多的榜样。在社会竞争激烈的今天，挫折无处不在，若我们因一时受挫而放大痛苦，将会终生遗憾。遭遇挫折，就当它是你眼中的一粒尘埃，眨一眨眼，流一滴泪，就足以将它冲走；遭遇挫折，就当它是一阵清风，让它在你耳旁轻轻吹过；遭遇挫折，就当它是一朵微不足道的小浪，不要让它在你心中激起惊涛骇浪；遭遇挫折，不要放大痛苦，擦一擦身上的汗，拭一拭眼中的泪，继续前进吧！

没有一种成功不需要磨砺

汤姆在美国纽约开了一家玩具制造公司，并在美国的加利福尼亚州和密歇根州设了两家分公司。

20世纪80年代，他瞄准了一个极具潜力的市场产品——魔方，开始生产并投放市场，市场反馈非常好。于是，汤姆决定大批量生产，把公司几乎所有的资金和人力都投入进来。谁知，这个时候，亚洲的市场已经被日本一家玩具生产厂家占领。等汤姆的公司生产的魔方开始投放亚洲市场时，市场已经饱和。再往欧洲试销，也饱和了。汤姆慌了，立即决定停止生产，但已经晚了，大批的魔方堆积在仓库里。特别是两家分公司，资金几乎完全被积压，又要腾出仓库来堆放新产品，汤姆的生意在密歇根州和加利福尼亚州大大受挫。汤姆无奈之下，决定从加利福尼亚州和密歇根州撤出来，只保留总部，因为他的财务已经无法支撑这么多家公司了。

这是汤姆第一次输掉了一局。

不久，汤姆的财力恢复，于是，他在亚洲设了一家分公司，开拓起亚洲市场来。但好景不长，汤姆的亚洲市场也失败了。正逢美国工人大罢工，汤姆处于风雨飘摇中的玩具公司立即破产，他血本无归。

汤姆又一次输了！

汤姆总结了自己失败的原因，制订了一个庞大的计划。他向银行申请了一笔贷款，准备再度开设一家公司。经过严谨的市场调研和销售分析，他决定生产脚踏车，他要在日本厂商打进欧美市场之前重拳出击。他一炮打响，美洲市场被他的厂家占领，他在欧洲市场的厂家也占据了优势。2年后，因为脚踏车市场已近饱和，汤姆又决定停止生产，开发另一种产品。

这次汤姆胜了，并且赢了全局！

从这个故事中，我们不难发现：雄鹰的展翅高飞，离不开最初的跌跌撞撞。"不是一番寒彻骨，怎得梅花扑鼻香。"要想让自己成为一个有所作为的人，我们就要有吃苦的准备，人总是在挫折中学习，在苦难中成长。

我们每个人都会面临各种机会、各种挑战、各种挫折。成功不是一个海港，而是一次埋伏着许多危险的旅程。人生的赌注就是在这次旅程中要做一个赢家，成功永远属于不怕失败的人。

每个人的一生，总会遇上挫折。我们要相信困难总会过去，只要不消极，不坠入恶劣情绪的苦海，就不会产生偏见、误入歧途，或一时冲动，破坏大局，或抑郁消沉，一蹶不振。

其实在人生的道路上，谁都会遇到困难和挫折，就看你能不能战胜它，战胜了它，你就是英雄，就是生活的强者。

从某种意义上说，挫折是磨炼意志、增强能力的好机会，不要一遇到挫折就放弃努力，只要你不断尝试，就随时可能成功。

如果你在经历挫折之后对自己的能力产生了怀疑，产生了消极情绪，并想放弃努力，那么你就已经彻底失败了。挫折是成功的法宝，它能使人走向成熟，取得成就，但也可能破坏信心，让人丧失斗志。对于挫折，关键在于你怎么对待。

爱马森曾经说过："伟大高贵的人物最明显的标志，就是他坚忍的意志。不管环境多么恶劣，他的初衷与希望不会有丝毫的改变，并将最终克服阻力达到所企望的目的。"每个人都有巨大的潜力，因此当你遇到挫折时要坚持，充分挖掘自己的潜力。才能使自己离成功越来越近。

跌倒以后，立刻站立起来，不达目的，誓不罢休，向失败挑战并夺取胜利，这是自古以来伟大人物的成功秘诀。

不要惧怕挫折，在一个人输得只剩下生命时，潜在心灵的力量就是巨大无比的。没有勇气、没有拼搏精神、自认挫败的人是不会成功的，只有坚持不懈的人，才会在失败中崛起，奏出人生的乐章。

世界自有法则，适者才能生存

世上很难有绝对公平的事，本来你想这样，但事情偏偏与你的愿望背道而驰。即使你付出辛苦了，付出努力了，也不一定能获得回报。

亨特遭到女友抛弃后感到愤恨难平，于是来请求大师指点。

大师问他为什么如此气愤。亨特回答："我们在一起时发过誓，先背叛感情的人在 1 年内一定会死于非命。但是到现在 2 年了，她还活得很好。"

大师告诉亨特，在谈恋爱的人，除非没有真正的感情，全都是发过誓的。如果他们都死于非命，那这世界还有人存在吗？爱情变化无常，我们的誓言在智者的耳中不过是戏言罢了。

"人的誓言会实现是因缘加上愿力的结果。"大师说。

"那我该怎么办呢？"亨特问。

大师给他讲了一个寓言：

"从前有一个人，养了一条非常名贵的金鱼。一天鱼缸被打破了，这个人有两个选择，一个是站在鱼缸前悲伤、怨恨，眼看金鱼失水而死；另一个是赶快拿一个新鱼缸来救金鱼。如果是你，你怎么选择？"

"当然是赶快拿鱼缸来救金鱼了。"亨特说。

"这就对了，你应该快点儿拿鱼缸来救你的金鱼，然后把已经打破的鱼缸丢弃。一个人如果能把诅咒、怨恨都放下，就会懂得真正的爱。"

亨特听了，面露微笑，欢喜而去。

实际上，绝对的公平是不存在的，世界不是根据公平的原则而建立的。我们即使遇到不公平的事，也不要怨天尤人。因为，抱怨也没有用。生活就是这样，有时候没有道理可讲，有时候又似乎不近情理。当生活让你无奈的时候，你不应该太过于抱怨，而是要学会正确看待生活中的不公平才对。

付出与回报的天平上总会出现不尽如人意的误差，苦苦地追寻换来的可能是一身的疲惫，挥洒的汗水总是换不来期待中的收获，但这一切都是人生竞技场上必不可少的基石。

譬如豹吃狼、狼吃獾、獾吃鼠、鼠又吃谷物……只要看看大自然就可以明白，强者生存，弱者灭亡，优胜劣汰，没有公平可言。飓风、海啸、地震等自然灾害对所有生命来讲都是不公平的。

人类社会里，贫穷、战争、疾病等不公平的现象比比皆是。公平是神话中的概念，人们每天都过着不公平的生活，快乐或不快乐，是与公平无关的。这并不是人类的悲哀，只是一种真实情况。面对生活中不公平的人和事，不妨采取以下 3 种做法：

（1）改变衡量公平的标准。不公平是一种进行比较后的主观感觉，因此只要我们改变一下比较的标准，就可以在心理上消除不公平的感觉。

比如，自己这次没评上职称，觉得很不公平。但是换一个角度想想，比如这次评选职称的名额有限，有些条件自己还没有达到。这样一想，你心里也许就会舒服一些了。

（2）通过自己的奋发努力来求得公平。比如，有些人认为只要踏实肯干、业务能力强就可以得到领导的青睐，而把主动与领导搞好关系的举动误会成其他意思。

其实，领导也是人，而人都想要得到别人的肯定与尊重，所以有些看似不公平的事正是因为自己不成熟的观念与言行造成的。

（3）不要事事苛求公平。人的心理常常受到伤害的原因之一，就是要求每件事都必须公平。

其实，世界上根本没有绝对的公平，所以我们不要事事都拿着一把公平的尺子去衡量。

因此，不要对生活给予你的不公心存怨恨，尽早地忘掉它吧！只有不断地抛弃烦恼，生活才会向你展露它最灿烂的微笑。

第 2 章

若心随花开，
愿你浅笑安然

改变视角，改变人生

一个人要想改变自己的命运，首先必须要改变自己的视角。生活中的难题也许在你改变了视角之后就迎刃而解了。

1941 年的一个深夜，在美国洛杉矶一间宽敞的摄影棚内，一群人正在忙着拍摄一部电影。

"停！"刚开拍几分钟，年轻的导演就大喊起来，一边做动作一边对着摄影师大声说，"我要的是一个大仰角，大仰角，明白吗？"又是大仰角！这个镜头已经反复拍摄了十几次，演员、摄影师……所有的工作人员都已累得筋疲力尽。可是这位年轻的导演始终不满意，一次次地大声喊"停"，一遍遍地向着摄影师大叫"大仰角"！此时，已经扛着摄影机趴在地板上的摄影师再也无法忍受这个初出茅庐的导演，站起来大声吼道："我趴得已经够低了，你难道看不见吗？"

周围的工作人员都停下了手中的工作。年轻的导演镇定地盯着摄影师，一句话也没有说。突然，他转身走到道具旁，捡起一把斧子，向着摄影师快步走了过去。

人们不知道这位年轻的导演会做怎样的蠢事。就在人们目

风吹哪页读哪页，哪页不懂撕哪页

瞪口呆的注视下，在周围人的惊呼声中，只见年轻的导演抡起斧子，向着摄影师刚才趴过的木制地板猛烈地砍去，一下、两下、三下……把地板砍出一个窟窿。

导演让摄影师站到洞中，平静地对他说："这就是我想要的角度。"就这样，摄影师蹲在地板洞中，无限压低镜头，拍出了一个前所未有的大仰角，一个从未有人拍出过的镜头。

这位年轻的导演名叫奥森·威尔斯，这部电影是《公民凯恩》。电影因大仰拍、大景深、阴影逆光等摄影创新技术及新颖的叙事方式，被誉为美国有史以来最伟大的电影之一，至今仍是美国电影学院经典的教学影片。

拍电影是这样，对待人生更是如此。如果你的视角很低、很小，你怎么能看到难过的日子后面的希望和快乐呢？

改变你的视角，你就能看见一个不一样的人生，并且能够拥有一个不一样的人生！

没试过，怎么知道不行

是问题就一定有答案，你必须努力寻找，并把这个信念永存心底。

在生活中，我们随时会遇到各种各样的问题，使我们疲于应付，甚至在遇到很大的困难时，我们往往认为自己再也支撑不下去了。这时候，一定要坚信，人生没有解决不了的问题。

某大学的数学老师每天给他的一个学生出 3 道数学题，作为课外作业让他回家后去做，第二天早晨再交上来。

有一天，这个学生回家后，才发现老师今天给了他4道题，而且最后一道题似乎颇有些难度。他想：以前每天的3道题，他都很顺利地完成了，从未出现过任何差错，早该增加点儿难度了。

于是，他志在必得，满怀信心地投入到解题的思路中……天亮时分，他终于把这道题给解决了。但他还是感到一些内疚和自责，认为辜负了老师多日的栽培——一道题竟然做了几小时。

谁知，当他把这4道已解的题一并交给老师时，老师惊呆了——原来，最后那道题竟是一道在数学界流传百年而无人能解的难题，老师把它抄在纸上，也只是出于好奇心。结果，不经意间竟把它与另外3道普通题混在一起，交给了这个学生。而这个学生却在不明实情的前提下意外地把它给解出来了。

风吹哪页读哪页，哪页不懂撕哪页

假如这个学生知道这道题的来历，他还会在一夜之间将它解出来吗？

四周没路时，向上生长

如果你总是认为某件事是"不可能"的，那说明你一定没有努力去争取，因为这世上本来就没有"不可能"。

拿破仑·希尔年轻时买了一本字典，然后剪掉了"不可能"这个词，从此他有了一本没有"不可能"的字典，而他也成了成功学大师。其实，把"不可能"从字典里剪掉，只是一个形象的比喻，关键是要从你的心中把这个观念铲除掉。并且，在我们的观念中排除它，想法中排除它，态度中去掉它、抛弃它，不再为它提供理由，不再为它寻找借口，把这个字和这个观念永远地抛弃，用"可能"来替代它。

比如汤姆·邓普西，他就是将"不可能"变为"可能"的典范。

汤姆·邓普西生下来的时候，左脚缺少了脚趾而且右手畸形，父母从来不让他因为自己的残疾而感到不安。结果是任何男孩能做的事他也都能做，如果孩子们能走5千米，那汤姆也同样能走完5千米。

后来他想尝试橄榄球，他发现自己能把球踢得比其他男孩更远。他找人为自己专门设计了一只鞋子，参加了踢球测试，并且得到了冲锋队的一份合约。但是教练却婉转地告诉他，说他"不具备做职业橄榄球员的条件",建议他去试试其他的职业。最后他申请加入新奥尔良圣徒队,并且请求教练给他一次机会。教练虽然心存怀疑,但是看到这个男孩这么自信,便对他有了好感,因此就接受了他。2个星期之后,教练对他的好感更深了,因为他在一次友谊赛中将球踢出55码,并且为本队得了分。这一表现使他获得了专为圣徒队踢球的工作,而且在那一赛季中为他所在的队踢得了99分。

在一次比赛中,圣徒队比分落后,球是在28码线上,比赛只剩下了几秒钟,这时球队把球推进到45码线上。"汤姆,进场踢球!"教练大声说。当汤姆进场的时候,他知道他的队距离得分线有63码远,也就是说他要踢出63码远才能赢得比赛。而当时在正式比赛中踢得最远的纪录是55码,是由巴尔迪摩雄马队毕特·瑞奇踢出来的。但是,汤姆心里认为自己能踢出那么远是完全有可能的。他这么想着,加上教练又在场外为他加油,他充满了信心。

恰好,球传接得很好,汤姆一脚全力踢在球身上,球笔直地前进。6.6万名球迷屏住气观看,接着终端得分线上的裁判举起了双手,表示得了3分,球在球门横杆之上几厘米的地方越过,圣徒队以19∶17获胜。球迷狂呼乱叫——为踢得最远的一球而兴奋,这是由一个只有半只左脚和一只畸形的右手的球员踢出来的!

"真是难以置信!"有人大声叫,但汤姆只是微笑。他想起

风吹哪页读哪页,哪页不懂撕哪页⋯⋯

他的父母，他们一直告诉他的是他能做什么，而不是他不能做什么。他之所以创造出这么了不起的纪录，正如他自己说的："他们从来没有告诉我，我有什么不能做的。"

再强调一遍，永远也不要消极地认定什么事情是不可能的。首先你要认为你能，再去尝试、再尝试，要知道，世上没有什么是不可能的。

向挫折说一声"我能行"

挫折并不保证你会得到完全绽开的花朵，它只提供成功的种子。饱受挫折折磨的人，必须自己努力去寻找这颗种子，并且以明确的目标给它养分并努力栽培它，否则它不可能开花、结果。

面对挫折，只有自强者才能战胜困难、超越自我。如果一味地想着等待别人来帮忙，那就只能落得失败的下场。遭遇不顺利的事情时，坐等他人的帮助是一种极其愚蠢的做法，只有靠自己的努力才能解决问题。记住：你唯一可以依赖的人只有自己！

一个农民只上了几年学，家里就没钱继续供他上学了。他辍学回家，帮父亲耕种二亩薄田。在他18岁时，父亲去世了，家庭的重担全部压在了他的肩上。他要照顾身体不好的母亲，还有瘫痪在床的祖母。改革开放后，农田承包到户。他把一块水洼挖成池塘，想养鱼。但村里的干部告诉他，水田不能养鱼，只能种庄稼，他只好又把池塘填平。这件事成了一个笑话，在别人看来，他是一个想发财但又非常愚蠢的人。

听说养鸡能赚钱，他向亲戚借了300元钱，养起了鸡。但是一场大雨后，鸡得了鸡瘟，几天内全部死亡。300元对别人来说可能不算什么，但对一个只靠二亩薄田生活的家庭而言，可谓天文数字。他的母亲受不了这个刺激，忧劳成疾而死亡。他后来酿过酒，捕过鱼，甚至还在石矿的悬崖上帮人打过炮眼……可都没有赚到钱。

36岁的时候，他还没有娶到媳妇。即使是离异的有孩子的女人也看不上他，因为他只有一间土屋，房子随时有可能在一场大雨后倒塌。

但他还是没有放弃，不久他就四处借钱买了一辆手扶拖拉机。不料，上路不到半个月，这辆拖拉机就载着他冲入一条河里。他断了一条腿，成了残疾人。而那辆拖拉机，被捞起来时，已经支离破碎，他只能拆开它，当作废铁卖了。

几乎所有的人都认为他这辈子完了。但是多年后他成了一家公司的老总，手中有上亿元的资产。现在，许多人都知道他苦难的过去和富有传奇色彩的创业经历。许多媒体采访过他，许多报告文学描述过他。曾经有记者这样采访他——

记者问："在苦难的日子里，你凭借什么一次又一次毫不退缩？"他坐在宽大豪华的老板桌后面，喝完了手里的一杯水。然后，他把玻璃杯子握在手里，反问记者："如果我松手，这只杯子会怎样？"记者说："摔在地上，碎了。""那我们试试看。"

他说。

他手一松，杯子掉到地上发出清脆的声音，但并没有破碎，而是完好无损。他说："即使有 10 个人在场，10 个人都会认为这只杯子必碎无疑。但是，这只杯子不是普通的玻璃杯，而是用玻璃钢制作的。"

是啊！这样的人，即使只有一口气，他也会努力去抓住成功的手。

我们在埋怨自己生活多挫折时，不妨想想这位故事主角的人生经历，或许还有更多多灾多难的人们，与他们相比，我们的困难和挫折又算什么呢？向挫折说一声"我能行"，自强起来，生命就会屹立不倒！

黑暗，只是光明的前兆

不要抱怨当前的黑暗，你所要做的就是时刻做好准备，去迎接光明，因为黑暗只是光明的前兆。

莎士比亚在他的名著《哈姆雷特》中有这样一句经典台词："光明和黑暗只在一线间。"如果你身处黑暗之中，你的心灵千万不要因黑暗而熄灭，而是要充满希望，因为黑暗只是光明来临的前兆而已。

清代有一个年轻书生，自幼勤奋好学，无奈在贫困的村庄里没有一个好老师。于是书生的父母决定变卖家产，让孩子外出求学。

一天，天色已晚，书生饥肠辘辘地准备翻过山头找户人家借住一宿。走着走着，树林里忽然蹿出一个拦路抢劫的土匪。书生立即拼命往前逃跑，无奈体力不支再加上土匪的穷追不舍，眼看着就要被追上了。正在走投无路时，书生一急钻进了一个山洞里。土匪见状，不肯罢休，他也追进了山洞里。洞里一片漆黑，在洞的深处，书生终究未能逃过土匪的追逐，他被土匪逮住了。一顿毒打自然不能免掉，身上的所有钱财及衣物，甚至包括一把准备夜间照明用的火把，都被土匪一掳而去了。土匪给他留下的只有一条性命。

之后，书生和土匪两个人各自分头寻找洞的出口。这山洞极深极黑，且洞中有洞，纵横交错。

土匪将抢来的火把点燃，他能轻而易举地看清脚下的石块，能看清周围的石壁，因而他不会碰壁，也不会被石块绊倒。但是，他走来走去，就是走不出这个洞。最终，他迷失在山洞之中，力竭而死。

书生失去了火把，没有了照明，他在黑暗中摸索行走得十分艰辛，他不时碰壁，不时被石块绊倒，跌得鼻青脸肿。但是，正因为他置身于一片黑暗之中，所以他的眼睛能够敏锐地感受到洞里透进来的一点点微光。他迎着这缕微光摸索前行，最终逃离了山洞。

如果没有黑暗，怎么可能发现光明呢？黑暗并不可怕，它只是光明到来之前的预兆。在黑暗中摸索前行，充满对光明的渴望，才是最良好的心态。如果你害怕黑暗，因黑暗而绝望，你将会被无边的黑暗所淹没。相反，若你在心中点一盏长明灯，相信光明很快就会降临。

为自己点一盏心灯

无论何时，都要在自己心中点一盏灯。只要心灯不灭，就有成功的希望。

真正的智者，总是站在有光的地方。太阳很亮的时候，生命就在阳光下奔跑。当太阳西落，还会有那一轮高挂的明月。当月亮消失了，还有满天闪烁的星星。如果星星也消失了，那就为自己点一盏心灯吧。无论何时，只要心灯不灭，就有成功的希望。

紫霄未满月就被白发苍苍的奶奶抱回家。奶奶含辛茹苦把她养到小学毕业，狠心的父母才从外地返家。父母重男轻女，对紫霄非常刻薄。她生病时，母亲对她说："我看你就来气，你给我滚，有河、有老鼠药、有绳子，有志气你就去死。"13 岁的紫霄没有哭，但在她幼小的心灵里萌生了强烈的愿望——她一定要活下去，并且还要活出一个人样来！

被母亲赶出家门后，好心的奶奶用两条万字糕和一把眼泪，把她送到一片净土——尼姑庵。紫霄满怀感激地送别奶奶后，内心波涛汹涌，难道自己的生命就只能耗在这没有生气的尼姑庵吗？在尼姑庵，法名"静月"的紫霄得了胃病，但她从不叫痛，甚至在她不愿去化缘而被老尼姑惩罚时，她也不哭不闹，但是叛逆的个性正在悄然生长。在一个淅淅沥沥下着小雨的清晨，她揣上奶奶用鸡蛋换来的干粮和卖棺材得来的路费，踏上了西去的列车。几天后，她到了新疆，见到了久违的表哥和姑妈。在新疆，她重返课堂，度过了幸福的半年时光。在姑妈的建议下，她回安徽老家办户口迁移手续。回到老家后，她发现她再也回不了新疆了，父母要她顶替父亲去厂里上班。

她拿起了电焊枪，那年她才 15 岁。她没有向命运低头，因为她的心中还有梦。紫霄业余时间苦读，通过了写作、现代汉语和文学概论等学科的自学考试。第二年参加高考，她考取了安徽省中医学院。然而她知道因为家庭的原因自己无法实现自己的梦想，大学经常成为她夜梦的主题。

1988 年年底，紫霄的第一篇习作被《巢湖报》采用。她看到了生命的一线曙光，她要用笔来拯救自己。无数个不眠之夜，她用稚拙的笔饱蘸浓情，抒写自己的苦难与不幸，倾诉自己的顽强与奋争。多篇作品寄了出去，耕耘换来了收获，那些心血凝聚的稿件多数被采用，还获得了各种奖项。1989年，她抱着自己的作品叩开了安徽省作协的门，成了其中的一员。

文学是神圣的，写作是清贫的。紫霄毅然放弃了从父亲手里接过的"铁饭碗"，开始了艰难的求学生涯。因为她知道，仅凭自己现在的底子，远远不能成大器。她到了北京，在鲁迅文学院进修。为生计所迫，生性腼腆的她当起了报童。骄阳似火，地面晒得冒烟，紫霄挥汗如雨，怯生生地叫卖。天有不测风云，在一次过街时，飞驰而过的自行车把她撞倒了。看着肿得像馒头一样大小的脚踝，紫霄的第一个反应是报纸卖不成了。但她没有丧失信心，用几天卖报赚来的微薄收入补足了欠交的学费，只休息了几天，她就又一次开始了半工半读的生活。命运之神垂怜她，让她结识了莫言、肖亦农、刘震云、宏甲等作家，有幸亲聆教诲，她感到莫大的满足。

为了节省开支，紫霄住在某空军招待所的一间堆放杂物的仓库里。晚上，这里就成了她的"工作室"，她的灯常常亮到黎明。星期天，她包揽了招待所上百床被褥的换洗工作。有一次她累昏在水池旁，幸遇两位女战士把她背回去，喂了两碗姜汤。她苏醒之后不久，便接着去洗。她的脸上和手上因长时间劳作有了和她年龄不相称的粗糙和裂口。

紫霄后来的经历就要"顺利"得多。随文怀沙先生攻读古文、从军、写作、采访，最终成名，这一切似乎顺理成章，然而这一切又不平凡。她是一个坚强的女子，是一个不向困难俯首称臣的奇女子。她把困难视作生命的必修课，而她得了满分。

"一个人最大的危险是迷失自己，特别是在苦难接踵而至的时候……命运的天空被涂上一层阴霾的乌云，但她始终高昂那颗不愿低下的头。因为她胸中有灯，它照亮了所有的黑暗。"一篇采访紫霄的专访在题词中写了这样的话，在主人公心中，那盏灯就是自己永远也未曾放弃过的希望。

一个人无论有多么不幸，有多么艰难，那盏灯一定会为你指引前进的方向。

再苦也要笑一笑，总有人比你更糟

再苦也要笑一笑，是一种乐观的心态。它是面对失败时的坦然，是身处险境中的从容。它可以使你学会欣赏日出时的光芒四射，万物苏醒；也可以令你驻足感受落日时的安闲柔和，娴静雅致。它可以让你喜欢春的烂漫、夏的炽烈，也可以让你体会到秋的丰盈、冬的清冽。人生中，不如意之事十之八九。你可能吃饭的时候不小心被噎住了，可能出门的时候踩了一脚烂泥，也可能生病住进了医院。每一天，在我们身边都有可能会发生这样的事情，而且很多时候来得还很突然，让我们没有一点儿准备。面对这样突如其来的事情，即使你的心里再苦，也请笑一笑。

再苦也要笑一笑，你的眼泪对谁都不重要。得多得少别去计

较，总有人过得比你好。再苦也要笑一笑，即使石头砸到自己的脚，痛不痛反正只有脚知道，有人想砸还砸不到。再苦也要笑一笑，无论走到哪里，总会有人比你更糟，这个世界本来就不完美。

柯林斯是一家饭店的经理，他的心情总是很好。每当有人客套地问他近况如何时，他总是不加思索地回答："我快乐无比。"每当看到别的同事心情不好时，柯林斯就会主动询问情况，并且为对方提供帮助，开导对方要看事物好的一面。他说："每天早上，我一醒来就对自己说，柯林斯，你今天有两种选择，你可以选择心情愉快，也可以选择心情不好，我都会选择心情愉快。每次有坏事发生，我可以选择成为一个受害者，也可以选择去面对各种处境。归根结底，你自己选择如何面对人生。"

然而，即便是这样一个乐观积极的人，也会遇到不测。

有一天，柯林斯被三个持枪的歹徒拦住了。歹徒无情地朝他开了枪。幸好他被发现得早，柯林斯被送进急诊室。经过 18 小时的抢救和几个星期的精心治疗，柯林斯出院了，只是仍有小部分弹片留在他体内。

半年之后，柯林斯的一位朋友见到他。朋友关切地问他近况如何，他说："我快乐无比。想不想看看我的伤疤？"朋友好奇地看了伤疤，然后问他受伤时想了些什么。

柯林斯答道："当我躺在地上时，我对自己说我有两个选择：一是死，一是活，我选择活。医护人员都很善解人意，他们告诉我，我不会死的。但在他们把我推进急诊室后，我从他们的眼神中读到了'他是个死人'。那一刻，我感受到了死亡的恐惧。我还不想死，于是我知道我需要采取一些行动。"

"你采取了什么行动？"朋友问。

柯林斯说："有个护士大声问我有没有对什么东西过敏。我马上答：'有的。'这时所有的医生、护士都停下来等我说下去。我深深吸了一口气，然后大声吼道：'子弹！'在一片大笑声中，我又说道：'请把我当活人来医，而不是死人。'"柯林斯就这样活下来了。

苦难并不可怕，只要心中的信念没有失去，人生旅途就不会中断。柯林斯非常珍惜自己的生命，面对死亡、面对被子弹击中的痛苦，尚能够如此乐观和坦然，这是他能够获得重生最重要的条件。

所以你要微笑着面对生活，不要抱怨生活给了你太多的磨难，不要抱怨生活中有太多的曲折，更不要抱怨生活中存在的不公。当你走过世间繁华，阅尽世事，你就会明白：人生不会太圆满，再苦也要笑一笑。

生命自有精彩，你只负责努力

每个人心中都应有两盏灯光，一盏是希望的灯光，一盏是勇气的灯光。有了这两盏灯光，我们就不怕生命中的黑暗和波涛的险恶了。

如果你想要成功，那么，你就要坚强。因为一次成功总是伴随着许多失败，而这些失败从不怜惜弱者。没有铁一般的意志，你就不会看到成功的曙光。生活告诉我们，怯懦者往往被失败打垮、吓退，坚强者则大步向前。

据说有一个英国人，生来就没有手和脚，但他竟能像常人一般生活。有一个人因为好奇，特地拜访他，看他怎样行动，怎样吃东西。那个英国人睿智的思想、动人的谈吐，使那个客人十分惊异，甚至完全忘掉他是一个残疾人了。

巴尔扎克曾说过："挫折和不幸是人的晋升之阶。"悲惨的事情和痛苦的境况是一所培养成功者的学校，它可以使人神志清醒，遇事慎重，改变举止轻浮、冒失逞能的恶习。苦难可以成为智慧的训练场、耐力的磨炼所、桂冠的代价和荣耀的通道。

所以，苦难是人生的试金石。要想取得巨大的成功，就要先懂得承受苦难。在你承受得住无数的苦难相加的重量之后，才能承受成功的重量。

当你碰到困难时，不要把它想象成不可克服的障碍。因为，在这个世界上没有任何困难是不可克服的，只要你敢于扼住命运的咽喉。

贝多芬28岁便失去了听觉，耳朵聋到听不见任何一个音节的程度，但他为世界留下了雄壮的《第九交响曲》。托马斯·爱迪生想要听到自己发明的留声机唱片的声音，只能用牙齿咬住留声机盒子的边缘，让头盖骨受到震动而感觉到声响。不屈不挠的美国科学家弗罗斯特教授奋斗25年，硬是用数学方法推算出太空星群以及银河系的活动变化。但他是一个盲人，看不见他热爱了终生的天空。塞缪尔·约翰逊的视力衰弱，但他顽强地编纂了全世界第一本真正伟大的《英语词典》。达尔文被病魔缠身40年，可是他从未间断过对改变整个世界观念的科学预想的探索。爱默生一生多病，但是他给美国文学界留下了一流的诗文集。

与苦难搏击，会激发你身上无穷的潜力，锻炼你的胆识，磨炼你的意志。也许，身处苦难之时，你会备感痛苦与无奈，但当你走出困苦之后，你会更加深刻地明白：正是那份苦难给了你人格上的成熟和伟岸，给了你面对一切无所畏惧的勇气。

苦难，在不屈的人们面前会转化成一份礼物，这份珍贵的礼物会成为真正滋润你生

命的甘泉，让你在人生的任何时刻都不会轻易被击倒！

绝望时，希望也在等你

苦难能毁掉弱者，同样也能造就强者。因此，在任何时候都不要放弃希望。

罗勃特·史蒂文森说过："不论担子有多重，每个人都能支撑到夜晚的来临；不论工作多么辛苦，每个人都能做完一天的工作，每个人都能很甜美、很有耐心、很可爱、很纯洁地活到太阳下山，这就是生命的真谛。"确实如此，唯有流着眼泪咽下面包的人才能理解人生的真谛。因为苦难是孕育智慧的摇篮，它不仅能磨炼人的意志，而且能净化人的灵魂。如果没有那些坎坷和挫折，人绝不会有这么丰富的内心世界。

有些人一遇到挫折就灰心丧气、意志消沉，甚至用死来逃避厄运的打击，这是弱者的表现。可以说生比死更需要勇气，死只需要一时的勇气，生则需要一世的勇气。每个人的一生中都可能有消沉的时候，居里夫人曾两次想过自杀；奥斯特洛夫斯基也曾将手枪对准过自己的脑袋，但他们最终都以顽强的意志面对生活，并获得了巨大的成功。可见，一时的消沉并不可怕，可怕的是在消沉中不能自拔。

做一个生命的强者，就要在任何时候都不放弃希望，我们最终会等到光明来临的那一天。

城市被包围，情况危急。守城的将军派一名士

兵去河对岸的另一座城市求援，如果救兵在明天中午前赶不回来，那这座城市就将沦陷。

整整4小时过去了，这名士兵才来到河边的渡口。

平时渡口这里会有几只木船摆渡，但是由于兵荒马乱，船夫全都逃走了。

本来他是可以游泳过去的，但是现在正值数九寒天，河水太冷，河面太宽，而敌人的追兵随时可能出现。

他的头发都快愁白了，假如过不了河，不仅自己会当俘虏，整个城市也会落入敌人手里。万般无奈之下，他只得在河边静静地等待。

这是一生中最难熬的一夜，他觉得自己都快要被冻死了。

他真是四面楚歌、走投无路了。自己不是冻死，就是饿死，要么就是落入敌人手里被杀死。

更糟的是，到了夜里，刮起了北风，后来又下起了鹅毛大雪。

他冻得瑟缩成一团，他甚至连抱怨自己命苦的力气都没有了。

此时，他的心里只有一个念头：活下来！

他暗暗祈求："上天啊，求你让我再活1分钟，求你让我再活1分钟！"也许他的祈求真的感动了上天，当他气息奄奄的时候，他看到东方渐渐发亮。等天亮时，他惊奇地发现，那条阻挡他前进的宽阔河流上面已经结了一层冰。他往河面上小心翼翼地走了几步，发现河面冰冻得非常结实，他完全可以从上面走过去。

他欣喜若狂，牵着马从上面轻松地走到了河的对面。

第 *3* 章/

输赢皆有意义

在逆境中抱怨，等于放弃幸运

人在一生中，随时都会碰到困难和险境，可如果我们只盯着这些困难，看到的只会是绝望。在人生路途中，谁都会遭遇逆境，逆境是生活的一部分。逆境充满荆棘，却也蕴藏着成功的机遇。只要勇敢面对，就一定能从布满荆棘的路途中走出一条阳光大道。正如培根所说："奇迹多是在厄运中出现的。"其实，我们不应该在逆境中抱怨，因为抱怨逆境无疑是在放弃幸运。想成为一名生活中的强者，就要勇敢地向逆境宣战，像一名真正的水手那样投入生命的浪潮中。

道本连自己的名字都不会写，却在大阪的一所中学当了几十年的校工。尽管工资不多，但他已经很满足于所拥有的一切。就在他快要退休时，新上任的校长以他"连字都不认识，却在校园工作，太不可思议了"为由，将他辞退了。

道本恋恋不舍地离开了校园，像往常一样，他打算去为自己的晚餐买 200 克香肠。但快到食品店门前时，他想起食品店已经关门多日了。而不巧的是，附近街区竟然没有第二家卖香肠的。忽然，一个念头在他脑海里闪过——为什么我不开一家专卖香肠

风吹哪页读哪页，哪页不懂撕哪页

的小店呢？他很快拿出自己仅有的一点儿积蓄开了一家食品店，专门卖起香肠来。

得益于道本灵活多变的经营，10年后，他成了一家熟食加工公司的总裁。他的香肠连锁店遍布了大阪的大街小巷，并且是产、供、销"一条龙"服务，颇有名气的道本香肠制作技术学校也应运而生。当年辞退他的校长早已忘了道本这一位曾经的校工，在得知著名的董事长识字不多时，便十分敬佩地称赞他："道本先生，您没有受过正规的学校教育，却拥有如此成功的事业，实在是太不可思议了。"

道本诚恳地回答说："真感谢您当初辞退了我，让我摔了跟头，从那之后我才认识到自己还能干更多的事情。否则，我现在可能还是一位靠一点儿退休金过日子的校工。"

正如道本一样，成功者往往是从逆境中崛起的。逆境可以锻炼一个人的品格，也可以激发一个人向上发展的勇气和潜力。在逆境中，当被逼得退无可退、无路可走时，人们往往在最后的时刻想尽办法来自救，无形之中反而促成了人生的辉煌。所以，我们应该感谢逆境和难题，感谢其中所孕育的成功。

任何人都会或多或少遇到或大或小的坎坷颠簸，都有不顺的时候，这是很正常的，无须悲伤，也无须抱怨，更不能绝望。世上没有绝望的处境，只有对处境绝望的人。

只要勇敢面对，世界上没有过不去的坎。当我们陷入逆境时，一味地埋怨和诅咒是无济于事的，那样只会让我们变得更加沮丧而觉得无望。与其苦苦等待，不如点燃自己手中仅有的"火种"和希望，去战胜黑暗，摆脱困境，为自己创造一个光明的前程。

在灰色的逆境中，不要让冷酷的命运窃喜。命运既然来凌辱我们，我们就应该用处之泰然的态度予以报复。命运从来不理会抱怨的人，只相信抗争命运的人。强者就是面对并克服那些像潮流一样涌来的困难，因为他们经历了太多的逆境。在现实中，我们看到许多成功者都来自不利的环境，但他们总能够勇敢地走出来。

永不丧失勇气的人永远不会被打败

乔很爱音乐，尤其喜欢小提琴。在国内学习了一段时间之后，他把视线转移到了国外，想出国深造。但是在国外没有一个认识的人，他到了那里如何生存呢？这个问题他当然也想过，但

风吹哪页读哪页，哪页不懂撕哪页

是为了自己的音乐之梦，他勇敢地踏出了国门。维也纳是他的目的地，因为那里是音乐的圣地。这次出国的费用是家里辛辛苦苦地凑出来的，但是学费与生活费是无论如何也拿不出来了。所以，他虽然来到了音乐之都，却只能站在大学的门外，因为他没有足够的钱。他必须先到街头上拉琴卖艺来赚够自己的学费与生活费。

很幸运地，乔在一家大型商场的附近找到一位为人不错的琴手，他们一起在那里拉琴。这个地理位置比较优越，他们挣到了很多钱。

但是这些钱并没有让乔忘记自己的梦想。过了一段时间，乔赚够了自己必要的生活费与学费，就和那个琴手道别了。他渴望学习，希望进入大学进修，要在音乐的学府里拜师学艺，要和琴技高超的同学们互相切磋。乔将全部的时间和精力都投注到提升音乐素养和琴艺之中。10年后，乔有一次路过那家大型商场，巧得很，他的老朋友——那个当初和他一起拉琴的琴手，仍在那儿拉琴，表情一如往昔，脸上露着得意、满足与陶醉。

那个人也发现了乔，很高兴地停下拉琴的手，热情地说道："兄弟啊！好久没见啦！你现在在哪里拉琴啊？"

乔回答了一个很有名的音乐厅的名字，那个琴手疑惑地问道："那里也让流浪艺人拉琴吗？"乔没有说什么，只淡淡地笑着点了点头。

其实，10年后的乔，早已不是当年那个当街献艺的流浪艺人了。他已经成为一名音乐家，经常应邀在著名的音乐厅中登台表演，早就实现了自己的梦想。

我们的才华、我们的潜力、我们的前程，如果没有勇气的推动，很可能只是一场镜花水月，当梦醒来，一切也就消失了。

生命是一个储存罐，里边有各种各样的财宝。如果你想跟生活打交道，就必须学会使用勇气这个开罐器，只有用百倍的勇气同生活抗争，你才能从生命的储存罐里尝到甜头。

一个永不丧失勇气的人是永远不会被打败的。就像弥尔顿所说的："即使土地丧失了，那有什么关系。即使所有的东西都丧失了，但不可被征服的意志和勇气是永远不会屈服的。"如果你以一种充满希望、充满自信的精神进行工作；如果你期待着并且相信自己能够成就这番伟业；如果你能展现出自己的勇气——任何事情都不能阻挡你前进的脚步，你可能遇到的任何失败都只是暂时性的，你最终必定会取得胜利。

另外，如果你觉得自己非常渺小，认为自己是一个微不足道的人，并且你不相信自己可以出色地完成任务的话——这就会限制你可能达到的人生高度。自我贬低和害羞怯懦不但会阻止你的进步，而且会严重损害你的整个职业生涯，甚至还会损害到你的身体健康。

自信和勇气是积极的品质，而恐惧和焦虑则是消极的品质，二者在人的大脑中水火不容。你要么是强大有力、充满信心的，要么就是虚弱和感伤的。任何破坏你勇气的东西都会削弱你的力量、你的效率及工作效能。

"勇气往往是在偶然的机会中被激发出来的。"莎士比亚说。除非你让自己时刻保持一种勇往直前的态度，否则，你不要指望自己的身上会时时刻刻展现出巨大的勇气。在就寝前的每个夜晚，在起床后的每个清晨，你都要对自己说"我会做到的，我能行"，并以此作为自己坚定的信条，然后充满自信地勇敢前进。

历练太少，就会被挫折绊倒

学会及时总结得失，我们才会有良好的心态，宠辱不惊，面对生活给予我们的一切。学会及时总结得失，我们才能不断进步，一步一步迈向成功。

威廉·赛姆是美国著名投资大师。他的事业如日中天，在全球金融领域里，"威廉·赛姆"这几个字如雷贯耳。但在一次十拿九稳的投资中，他由于分析错误而损失了一大笔资产。

朋友与家人都对他很不满，可威廉·赛姆却异常沉着，并将这次投资的整个分析过程一一回想，找到了出现错误的主要原因。紧接着，他又有了一次投资机会，家人与朋友都非常担心，害怕他不能从上一次的失败中走出来。但是威廉·赛姆毫不动摇，坚持投资，并获得了成功。

人在漫长的一生中，谁也不能保证自己永远不犯错，但我们应该从错误中积累经验教训，而并非永远消沉。

有个渔人有着一流的捕鱼技术，被人们尊称为"渔王"。然而"渔王"年老的时候非常苦恼，因为他的三个儿子的捕鱼技术都很平庸。

于是他经常向人诉说心中的苦恼："我真不明白，我捕鱼的技术这么好，而儿子们的技术为什么这么差？我从他们懂事起就开始传授捕鱼技术给他们，从最基本的东西教起，告诉他们怎样织网最容易捕到鱼，怎样划船最不会惊动鱼，怎样下网最容易请鱼入网。他们长大后，我又教他们怎样识潮汐，辨鱼汛……凡是我辛辛苦苦总结出来的经验，我都毫无保留地传授给了他们，可他们的捕鱼技术竟然赶不上技术比我差的渔民的儿子！"

一位路人听了他的诉说后，问道："你一直手把手地教他们吗？"

风吹哪页读哪页，哪页不懂撕哪页

"是的，为了让他们学到一流的捕鱼技术，我教得很仔细很有耐心。"

"他们一直跟随着你吗？"

"是的，为了让他们少走弯路，我一直让他们跟着我学。"

路人说："这样说来，你的错误就很明显了。你只传授给了他们技术，却没传授给他们教训。对于才能来说，没有教训与没有经验一样，都不能使人成大器。"

孩子是在摔倒了无数次之后才学会走路的，伟人的发明创造更是经历了无数次失败之后才成功的。可口可乐董事长罗伯特·高兹耶达说："过去是迈向未来的踏脚石，若不知道踏脚石在何处，必然会被绊倒。"教训和失败是人生历练不可缺少的财富。

在学习和工作中，刚开始的时候总是不够顺利，是因为我们对那些事情很陌生，没有足够的经验。这个时候，我们要珍视每一个错误，珍视每一个操作的环节，要及时总结经验教训。只有吸取了经验教训，才能避免以后再犯类似的错误。只有积累了足够的经验，我们才能熟能生巧，做事情得心应手。

失败不过是从头再来

看看世界上那些成功人士的经历，你就会发现，那些声震寰宇的伟人，都是在经历过无数的失败后，又重新开始拼搏才获得最后的胜利。

帕里斯的成功之路是艰辛的。

　　1510年，帕里斯出生在法国南部，他一直从事玻璃制造业，直到有一天看到一只精美绝伦的意大利彩陶茶杯。这一瞥，改变了他一生的命运。

　　"我也要造出这样美丽的彩陶。"这是他当时唯一的信念。

　　他建起煅炉，买来陶罐，打成碎片，开始摸索着进行烧制。

　　几年下来，碎陶片堆得像小山一样，可他心目中的彩陶却仍不见踪迹，他甚至穷得无米下锅了。迫不得已，他只得回去重操旧业，挣钱来生活。

　　他赚了一笔钱后，又烧了3年，碎陶片又在砖炉旁堆成了大山，可仍然没有成功。

　　长期的失败使人们对他产生了看法。大家都说他愚蠢，连家里人也开始埋怨他。他也只是默默地承受。

　　试验又开始了，他十多天都没有换衣服，日夜守在炉旁，燃料不够了，他就拆了院子里的木栅栏，怎么也不能让火停下来呀。又不够了！于是他搬出了家具，劈开，扔进炉子里。还是不够，他又开始拆屋里的地板。噼噼啪啪的爆裂声和妻子儿女们的哭声，让人听了鼻子都是酸酸的。马上就可以出炉了，多年的心血就要有回报了，可就在这时，只听炉内"嘭"的一声，不知是什么爆裂了。所有的产品都沾染上了黑点，全成了次品。

　　眼看到手的成功，又失败了！帕里斯也感受到了巨大的打击，他独自一人到田野里漫无目的地走着。不知走了多长时间，优美的大自然终于使他恢复了平静，他又开始了下一次试验。

经过 16 年无数次的艰辛试验，他终于成功了，而这一刻，他的内心却一片平静。他的作品成了稀世珍宝，价值连城，艺术家们争相收藏。他烧制的彩陶瓦，至今仍在法国的卢浮宫中闪耀着光芒。

他的成功来得何等不易，在一次又一次的失败中一次又一次地重新站起来，这正是帕里斯成功的秘诀。

奋斗者不相信失败。他们将错误当作是学习和发展新技能及策略的机会。有人认为失败一无是处，只会给人生带来阴暗。其实恰恰相反，人们从每次的错误中可以学习到很多东西，并调整自己的方向，重新回到正确的道路上来。错误和失败是不可避免的，甚至是必要的；它们是行动的证明——表明你正在努力。你犯的错误越多，你成功的概率就越大，失败表示你愿意尝试和冒险。奋斗者应该明白：每一次的失败都使他在实现自己梦想的道路上前进了一步。

西奥多·罗斯福说："最好的事情是敢于尝试所有可能的事，经历了一次次的失败后赢得荣誉和胜利。这远比与那些可怜的人们为伍好得多。那些人既没有享受过多少成功的喜悦，也没有体验过失败的痛苦。因为他们的生活暗淡无光，不知道什么是胜利，什么是失败。"在这个世界上，有阳光，就必定有乌云；有晴天，就必定有风雨。从乌云中挣脱出来的阳光会更加灿烂，经历过风雨的洗礼，天空才能更加湛蓝。人们都希望自己的生活平静如水，可是命运却给予人们那么多波折坎坷。此时，我们要知道，困难和坎坷只不过是人生的馈赠，它们能使我们的思想更清晰、更深刻、更成熟、更完美。

所以，不要害怕失败。在失败面前，只有永不言弃者才能傲然面对一切，才能最终取得成功。其实，失败真的不过是从头再来！

每一次丢脸都是一种成长

别怕犯错误，因为你犯的错误越多，学到的知识和经验就越多，你进步的可能性就越大。可是，在传统观念里，人们总是为了保住自己的颜面而努力着，甚至有一些人，为了保住面子丢失了性命也在所不惜。

公元前206年，项羽占有楚魏东部的九郡之地，自封为西楚霸王，又违背先入关中者为关中王的前约，改封先入关中的刘邦为汉王，刘邦心中非常不快。

项羽的谋臣"亚父"范增知道刘邦的不满，也知道他定会东山再起，于是建议项羽找借口杀掉刘邦。

项羽召见刘邦，准备封刘邦为汉王。刘邦若去，定有储备实力、自封为王之心；若不去，项羽正好可以杀死他。

刘邦得知项羽召见，虽然明知此去凶多吉少，又不能公然抗命

58

不去，便在心中谋划着怎样应对这场智斗。刘邦来到殿前，恭恭敬敬地伏在地上，谦恭的样子使项羽心中犹豫不决，当即放松了警惕，就对刘邦放行了。刘邦谢恩退出大殿，急忙回到自己的营地，稍加打点，便率军急匆匆地向巴蜀进发。他决心以巴蜀偏塞之地为依托，招兵买马，养精蓄锐，待力量充实了，再还三秦，谋取天下。项羽闻知刘邦率军已向巴蜀进发，才感到范增所言极是，立即派季布带三千人马前去追赶，然而为时已晚。

后来刘邦广纳贤才，休兵养士，最终在众贤士的帮助下，使得不可一世的项羽自刎乌江，统一天下。

人的一生，谁又能保证不犯错？谁又能一点儿面子都不丢呢？如果你害怕丢脸而一辈子避免犯错，那么结果只有一个：当你白发苍苍的时候，你仍然什么都不会，因为你什么都没有尝试去做。

民谚云："要了脸皮，饿了肚皮。"有时害怕丢一次脸，就是白白让出了一条路。所以，我们不要害怕丢脸，更不应该躲避"丢脸"的历练，而应该拿出自己的勇气，勇敢面对一次又一次的挑战，让自己在一次又一次的"丢脸"当中成长起来。

使你痛苦的，也使你强大

想实现自己的梦想，就要有胆识有胆量，要勇敢地面对挑战，成为一个生活的攀登者。只有这样才能攀登上人生的顶峰，欣赏到无限的风景。有时候，白眼、冷遇、嘲讽会让弱者低头走开，但对强者而言，这反而是另一种幸运和动力。

她因为患有小儿麻痹症，从小就"与众不同"。不要说像其他孩子那样欢快地跳跃奔跑，就连正常走路她都做不到。寸步难行的她非常悲观忧郁，当医生教她做几个简单的动作，说这可能对她恢复健康有益时，她就像没有听到一般。随着年龄的增长，她的忧郁和自卑感越来越重，甚至，她开始拒绝所有人的靠近。但也有一个例外，邻居家那个只有一只胳膊的老人却成为她的好伙伴。老人是在一场战争中失去了一只胳膊，老人非常乐观，她非常喜欢听老人讲故事。

这天，她被老人用轮椅推着去附近的一所幼儿园，操场上孩子们动听的歌声吸引了他们。当一首歌唱完，老人说道："我们为他们鼓掌吧！"她吃惊地看着老人，问道："你只有一只胳膊，怎么鼓掌啊？"老人对她笑了笑，解开衬衣扣子，露出胸膛，用手掌拍起了胸膛……

那是一个初春，风中还有几分寒意，但她却突然感觉自己的身体里涌动起一股暖流。老人对她笑了笑，说："只要努力，一个巴掌也可以拍响。你一样能站起来的！"

那天晚上，她让父亲写了一张纸条，贴到了墙上，上面是这样的一行字："一个巴掌也能鼓掌。"从那之后，她开始配合医生做运动。无论多么艰难和痛苦，她都咬牙坚持着。有一点儿进步后，她又以更坚定的姿态，追求更大的进步。甚至在父母不在时，她自己扔开支架，试着走路。她坚持着，她相信自己能够像其他孩子一样，她要行走，她要奔跑……

11岁时，她终于扔掉支架，又向另一个更高的目标努力着，她开始锻炼打篮球和参加田径运动。

1960年罗马奥运会女子100米跑决赛，当她以11秒18的成绩第一个冲线后，掌声雷动，人们都站起来为她喝彩，齐声欢呼着她的名字：威尔玛·鲁道夫。

那一届奥运会上，威尔玛·鲁道夫成为当时世界上跑得最快的女性之一。她一共摘取了3枚金牌，也是第一个黑人奥运女子百米冠军。

生活中，我们时常能够听到这样的话，"立即干""做得最好""尽你全力""不退缩""我们能做什么""总有办法""问题不在于假设，而在于它究竟怎样""没做并不意味着不能做""让我们干""现在就行动"。这些都是攀登者热爱的语言。他们是真正的行动者，他们总是要求行动，追求行动的结果，他们的语言恰恰反映了他们前进的方向。

生活中，当我们遭到冷遇时，不必沮丧，不必愤恨，唯有尽全力取得成功，才是最好的答复与反击。不因幸运而故步自封，不因厄运而一蹶不振。真正的强者，善于从顺境中找到阴影，从逆境中找到光亮，时时校准自己前进的目标，人生的冷遇也可能成为你幸运的起点。

自己去掌舵，命运才精彩

我们应该成为自己命运的主人，而不应被命运折磨摆布。自己去掌舵，生命才会更精彩。

在某大学入学教育的第一堂课上，年近花甲的老教授向学生们提了这样一个问题："请问在座的各位，从千里之外考到这所院校，独自一人到学校报名的同学请举手。"举手者寥寥无几，且大多都是从农村来的。教授接着说："由父母亲自送到学校接待点的请举手。"大教室里近百只手齐刷刷地举了起来。教授摇摇头，笑了笑给学生们讲了这样一个故事。

一个留学生，以优异的成绩考入了美国的一所著名大学。由于人生地不熟，思乡心切加上饮食生活等诸多的不习惯，这位学生入学不久便病倒了。更为严重的是，由于生活费用不够，他的生活甚为窘迫，濒临退学。给餐馆打工1小时可以挣几美元，但他嫌累不干。几个月下来他所带的生活费所剩无几，学校放假时他准备退学回家。回到故乡后在机场迎接他的是他年近花甲的父亲。当他看到自己久违的父亲，便兴高采烈地向他跑去。父亲脸上堆满了笑容，张开双臂准备拥抱儿子。可就在儿子搂到父亲脖子的那一刹那，这位父亲却突然快速地向后退了一步。孩子扑了个空，一个趔趄摔倒在地。他对父亲的举动深为不解。父亲拉起

倒在地上已经开始抽泣的孩子，深情地对他说："孩子，这个世界上没有任何人可以做你的靠山，当你的支点。你若想在生活中立于不败之地，任何时候都不能失去那个叫自立、自信、自强的生命支点。一切全靠你自己！"说完父亲塞给孩子一张返程机票。这位学生没跨进家门而是直接登上了返校的航班，返校不久他就获得了学院里的最高奖学金，并有数篇论文发表在有国际影响力的刊物上。

教授讲完后学生们急于知道这个父亲是谁，老教授说："这世界上每一个人出生在什么样的家庭、有多少财产、有什么样的父亲、什么样的地位、怎样的亲朋好友并不重要，重要的是我们不能将希望寄托于他人，必要时要给自己一个趔趄。只要不轻言放弃，自立、自信、自强，就没有什么实现不了的事。"教授说完后，全场鸦雀无声，同学们似乎一下子明白了许多。

亨利曾经说过："我是命运的主人，我主宰我的心灵。"做人应该做自己的主人；应该主宰自己的命运，不能把自己的未来交付给别人。然而，生活中有的人却不能主宰自己的命运。有的人把自己交付给了金钱，成为金钱的奴隶；有的人为了得到权力，成了权力的俘虏；有的人无法承受生活中各种挫折与困难的考验，把自己交给了所谓的命运；有的人经历一次失败后便迷失了自己，向命运低头，从此一蹶不振。

一个不想改变自己命运的人，是可悲的；一个不能靠自己的能力改变命运的人，是不幸的。一个人的成功，是要经过无数的考

风吹哪页读哪页，哪页不懂撕哪页

验，而一个经受不住考验的人是绝对不能干出一番大事的。很多人之所以不能成就大事，关键就在于他们无法激发挑战命运的勇气和决心，不善于在现实中寻找答案。古今中外的成功者，无不凭借着自己的努力奋斗，驾驭命运之舟，在波峰浪谷中破浪扬帆。

每个人都要努力做自己命运的主人，不能任由命运摆布自己。像贝多芬、凡·高这些历史上的名人，都是我们的榜样。他们生前都没有受到命运的公平待遇，但他们没有屈服于命运，没有向命运低头，他们向命运发起了挑战，最终战胜了命运，成了自己的主人，成了自己命运的主宰。

心存恐惧，你会沦为生活的奴隶

恐惧对人的影响是深远的，恐惧使创新精神陷于停滞；恐惧会催毁自信，导致优柔寡断；恐惧使我们动摇，不敢做任何事情；恐惧还使我们怀疑和犹豫，恐惧是能力上的一个大漏洞。而事实上，有许多人把他们一半以上的宝贵精力都浪费在毫无益处的恐惧和焦虑上面了。恐惧虽然阻碍着人们力量的发挥和生活质量的提高，但它并非不可战胜。只要人们能够积极地行动起来，在行动中有意识地纠正自己的恐惧心理，那它就不会再成为我们的威胁。

在《做最好的自己》一书中，李开复讲述了这样一个故事：

20世纪70年代，中国科技大学的"少年班"全国闻名。在当年那些出类拔萃的"神童"里面，就有今天的微软全球副总裁、电气与电子工程师协会最年轻的院士张亚勤。但在当时，全国大多数人都只知道有一个叫宁铂的孩子。20年过去了，宁铂悄悄地从公众的视野里消失了，而当年并不知名的张亚勤却享誉海内外，这是为什么呢？

张亚勤和宁铂的区别，主要在于他们对待挑战的态度不同。张亚勤在挑战面前勇于进取，不怕失败，而宁铂则因为自己身上被寄托了人们太多的期望，反而觉得无法承受，甚至没有勇气去争取自己渴望的东西。

大学毕业后，宁铂在内心里强烈地渴望报考研究生，但是他一而再、再而三地放弃了自己的想法。第一次是在报名之后，第二次是在体检之后，第三次则是在走进考场前的那一刻。

张亚勤后来谈到自己的同学时，异常惋惜地说：

"我相信宁铂就是在考研究生这件事情上走错了一步。他如果向前迈一步，走进考场，是一定能够通过考试的。因为他的智商很高，成绩也很优秀，可惜他没有进考场。这不是一个聪明不聪明的问题，而是一念之差的问题。就像我高考那一年，当时我正生病住在医院里，完全可以不去参加高考。可是我就少了一些顾虑，多了一点儿自信和勇气，所以做了一个很简单的选择。而宁铂就是多了一些顾虑，少了一点儿自信和勇气，做了一个错误的判断，结果智慧不能发挥，真是很可惜。那些敢于去尝试的人一定是聪明人，他们不会输。因为他们会想：'即使不成功，我也能从中得到教训。'

风吹哪页读哪页，哪页不懂撕哪页

"你看看周围形形色色的人，就会发现：有些人比你更杰出，并不是因为他们有得天独厚的天赋，事实上你和他们一样优秀。如果你今天的处境与他们不一样，只是因为你的精神状态和他们的不一样。在同样一件事情面前，你的想法和反应和他们不一样。他们比你更加自信，更有勇气。仅仅是这一点，就决定了事情的成败以及完全不同的成长之路。"

勇敢的思想和坚定的信念是治疗恐惧的天然药物，勇敢和信心能够中和恐惧，如同在酸溶液里加一点儿碱，就可以破坏酸的腐蚀力一样。

对此问题，我们不妨多加了解一下。

有一位文艺作家对创作抱着极大野心，期望自己成为大文豪。美梦未成真前，他说："因为心存恐惧，我是眼看着一天过去了，一个星期、一年也过去了，仍然不敢轻易下笔。"

另有一位作家说："我很注意如何使我的心力有技巧、有效率地发挥。在没有一点儿灵感时，也要坐在书桌前奋笔疾书，像机器一样不停地动笔。不管写出的句子如何杂乱无章，只要手在动就好了，因为手到能带动心到，会慢慢地将文思引出来。"

初学游泳的人，站在高高的水池边要往下跳时，都会心生恐惧，如果他们壮着胆子，勇敢地跳下去，恐惧感就会慢慢消失，反复练习后，恐惧心理就不复存在了。

倘若很神经质地怀着完美主义的想法，进步的速度就会受到限制。如果一个人恐惧时总是想："等到没有恐惧心理时再来做吧，我得先把害怕退缩的心态赶走才可以。"这样做的结果往往是把精神全浪费在消除恐惧感上了。

这样做的人往往会失败，为什么呢？人类心生恐惧是自然反应，只有亲身行动，才能将恐惧之心消除。不实际体验，只是坐待恐惧之心离你远去，自然是徒劳无功的事。

在不安、恐惧的心态下仍勇于作为，是克服神经紧张的良方，它能使人在行动之中，渐渐忘却恐惧心理。只要不畏缩，有了初步行动，就能带动第二次、第三次的出发，如此一来，心理与行动都会渐渐走上正确的轨道。

恐惧并不可怕，可怕的是你陷入恐惧之中不能自拔。如果你有成功的愿望，那就快点儿摆脱恐惧的困扰，继续前进吧！

让过去的过去，未来的才能来

在生活中，有太多的人喜欢抓住自己的错误不放，错过了发展的机遇，然后就一直怨恨自己不具慧眼；因为粗心而算错了数据，就一直抱怨自己没长脑子；做错了事情伤害到了别人，会为没有及时道歉而自责很久……

人生一世，花开一季，谁都想让此生了无遗憾，谁都想让自己所做的每一件事都完美，从而达到预期的目标，可这只能是一种美好的幻想。

人不可能不做错事，不可能不走弯路。做了错事，走了弯路之后，有谴责自己的情绪是很正常的。这是一种自我反省，是自我解剖与改正的前奏曲。正是因为有了这种"积极的谴责"，我们才会在以后的人生路上走得更好、更稳。但是，如果你抓住"后悔"不放，或羞愧万分，一蹶不振；或自惭形秽，自暴自弃，那么你的这种做法就是愚人之举了。

卓根·朱达是哥本哈根大学的学生。有一年暑假，他去当导游。因为他总是高高兴兴地给游客提供许多额外的服务，因此几个芝加哥来的游客就邀请他去美国观光。旅行路线包括在前往芝加哥的途中，到华盛顿特区做一天的游览。

卓根抵达华盛顿以后就住进威乐饭店，他在那里的账单已经预付过了。他这时真是乐不可支，外套口袋里放着飞往芝加哥的机票，裤袋里则装着皮夹，里面有护照和钱。所有的一切都很顺利，然而，这个青年突然遇到一个晴天霹雳。

当他准备就寝时，才发现由于自己的粗心大意，放在裤袋里的皮夹不翼而飞。他立刻跑到服务台那里询问。

"我们会尽量想办法。"经理说。

第二天早上，仍然找不到皮夹，卓根的零钱连两块钱都不到。因为一时的粗心马虎，让自己孤零零一个人待在异国他乡，应该怎么办呢？他越想越生气，越想越懊恼。

这样折腾了一夜之后，他突然对自己说："不行，我不能再这样一直沉浸在悔恨当中了。我要好好看看华盛顿，说不定我以后没有机会再来，但是现在仍有宝贵的一天待在这个地方。好在今天晚上还有机票到芝加哥去，一定有时间解决护照和钱的问题。

"我跟以前的我还是同一个人，那时我很快乐，现在也应该快乐呀。我不能因为自己犯了一点儿错误就在这白白地浪费时间，现在正是享受的好时候。"

于是他立刻动身，徒步参观了白宫和国会山，参观了几座博物馆，还爬到华盛顿纪念馆的顶端。他去不成原先想去的阿灵顿和许多别的地方，但他能看到的，他都看得更仔细。

等他回到丹麦以后，回想这趟美国之旅最使他怀念的却是在华盛顿漫步的那一天——如果他一直抓住过去的错误不放，那么这宝贵的一天就会被白白浪费。

放下过去的错误，向前看，才能有更多的收获。我们一生当中会犯很多错误，如果每一次都抓住错误不放，那么我们的人生恐怕只能在懊悔中度过。与其在痛苦中浪费时间，还不如重新找一个目标，再一次奋发努力。

第4章

总有人间一缕风，
填我十万八千梦

若你不能享受孤寂，则注定无路可走

每个想要突破目前困境的人首先都需要耐得住寂寞，只有在寂寞中坚持才能促进一个人的成长。

曾有人在谈及寂寞降临的体验时说："寂寞来的时候，人就仿佛被抛进一个无底的黑洞，任你怎么挣扎呼喊，回答你的，只有狰狞的空间。"的确，在追寻事业成功的路上，寂寞给人的精神煎熬是十分厉害的。想在事业上有所成就，自然不能像看电影、听故事那么轻松，必须得苦修苦练，必须得耐疑难、耐深奥、耐无趣、耐寂寞，而且还要抵得住形形色色的诱惑。能耐得住寂寞是基本功，是最起码的心理素质。

耐得住寂寞，才能不赶时髦，不受诱惑，才不会浅尝辄止，才能集中精力潜心于所从事的工作。

其实，寂寞不一定是一片阴霾，寂寞也可以变成一缕阳光。只要你勇敢地接受寂寞，拥抱寂寞，以平和的心态关爱寂寞，你会发现：寂寞并不可怕，可怕的是你对寂寞的惧怕；寂寞也不烦闷，烦闷的是你自己内心的空虚。

寂寞的人，往往是感情最为丰富、细腻的人，他们能够体验普通人所不能体验的生活，感悟普通人所不能感悟的道理，发现普通人所不能发现的思想，获取普通人所不能获取的能量，最后成就普通人所不能成就的事业。

获得奥斯卡最佳导演奖的华人导演李安，他的经历常常被人们想起，并拿来鼓励自己。

李安去美国电影学院学习时已经 26 岁，而且遭到父亲的强烈反对。父亲告诉他：纽约百老汇每年有几万人去争几个角色，电影这条路很难成功。李安毕业后，整整 7 年，他都没有工作，在家做饭带小孩。有一段时间，他的岳父岳母看他整天无所事事，就委婉地告诉女儿，也就是李安的妻子，准备资助李安一笔钱，让他开餐馆。李安自知不能再这样下去，但也不愿拿岳父岳母家的资助，于是他决定去社区大学上计算机课，从头学起，争取可以找到一份安稳的工作。李安背着妻子硬着头皮去社区大学报名。一天下午，他的妻子发现了他的计算机课程表，顺手就把这个课程表撕掉了，并跟他说："安，你一定要坚持理想。"

因为这一句话、这样一位明理智慧的妻子，李安最后没有去学计算机。如果当时他去了，多年后就不会有一个华人站在奥斯卡的舞台上领那个很有分量的奖杯了。

李安的故事告诉我们，人生应该做自己最喜欢的事，而且要坚持到底，把自己喜欢的事发挥得淋漓尽致，必将走向成功。

如果你真正的最爱是文学，那就不要为了父母、朋友的建议而去经商；如果你真正的最爱是旅行，那就不要为了稳定选择一

个一天到晚坐在电脑前的工作。

　　你的生命是有限的，但你的人生却是无限精彩的。也许你会成为下一个李安。但你需要耐得住寂寞，7年你等得了吗？很有可能会更久，你等得到那天的到来吗？别人都离开了，你还会在原地继续等待吗？

　　一个人要想成功，必须要经过一段艰苦的过程。任何想在春花秋月中轻松获得成功的人都是惘然。这寂寞的过程正是你积蓄力量、开花前奋力地汲取营养的过程。如果你耐不住寂寞，成功永远不会属于你。

成功贵在坚持

成功贵在坚持，要想取得成功就要坚持不懈地努力。很多人的成功，就是在饱尝了许多次的失败之后得到的。我们经常说"失败乃成功之母"，成功诚然是对失败的奖赏，却也是对坚持者的回报。

古往今来，那些成功者们不都是依靠坚持而取得成就的吗？

被鲁迅誉为"史家之绝唱，无韵之离骚"的《史记》，其作者司马迁，是享誉千古的文学大师，他是在什么样的情况下取得这么大的成就呢？

汉武帝因一时的不快阉割了堂堂的大丈夫，这是多么大的耻辱啊，而且这给司马迁带来的身心伤害是多么巨大！从此，他只能在四处不通风的炎热潮湿的小屋里生活，不能见风，不能再无畏地欣赏太阳、花草。

司马迁也曾想过死，对于当时的他来说，死是最容易的解脱方法了。可是他心中始终有一个梦想。他的梦想就是写一部历史的典籍，把过去的事记下来，传诸后世。为了这个梦想，他坚持了下来，坚持着忍受了身体的痛苦，坚持着忍受了别人歧视的目光，坚持着在严酷的政治迫害下活着，以继续撰写《史记》，并最终完成了这部光辉著作。

他靠的是什么？只有两个字：坚持。如果他在遭受了腐刑以后，丧失一切斗志，那么我们现在就看不到这本巨著，吸收不了他的思想精华。所以他的成功，他的胜利，最主要的还是靠坚持。

外国名作家杰克·伦敦的成功也是建立在坚持之上的。就像他笔下的人物"马丁·伊登"一样，坚持、坚持再坚持，他抓住自己的一切时间，坚持把好的字句抄在纸片上，把纸片有的插在镜子缝里，有的别在晒衣绳上，有的放在衣袋里，以便随时背诵。所以他成功了，他的作品被翻译成多国文字，经常被放在书店中显眼的位置，赫然在目。当然，他所付出的努力也比其他人多好几倍，甚至几十倍。成功是他坚持的结果。

功到自然成。成功之前难免有失败，然而只要我们能克服困难，坚持不懈地努力，那么，成功就在眼前。

石头是坚硬的，水是柔软的，然而柔软的水却穿透了坚硬的石头，其中的原因无他，唯坚持而已。我们在黑暗中摸索，有时需要很长时间才能找寻到通往光明的道路。以勇敢者的气魄，坚定而自信地对自己说，我们不能放弃，一定要坚持。也只有坚持，才能让我们冲破禁锢的蚕茧，最终化成美丽的蝴蝶。

正确的如不能坚持到底，就变成了错误

当你面对人类的一切伟大成就的时候，是否想到过，曾经为了创造这一切而经历过无数寂寞的日夜的人们，他们不得不选择与寂寞结伴而行，有了此时的寂寞，才能获得自己苦苦追求的似锦前程。

风吹哪页读哪页，哪页不懂撕哪页

很多时候成功不是一蹴而就的，而是要经历很多磨难，每个人无论如何都不能放弃自己的梦想。要执着于自己的目标和理想，把自己开拓的事业做下去。

肯德基创办人桑德斯先生在山区的矿工家庭中长大，家里很穷，他也没受过什么教育。他在换了很多工作之后，开始自己经营一个小餐馆。不幸的是，由于公路改道，他的餐馆必须关门，关门则意味着他将失业，而此时他已经65岁了。

也许他只能在痛苦和悲伤中度过余年了，可是他拒绝接受这种命运。他要为自己的生命负责，相信自己仍能有所成就。可是他是一个一无所有、只能靠政府救济金的老人，他没有学历和文凭，没有资金，没有什么朋友可以帮他，他应该怎么做呢？他想起了小时候母亲炸鸡的独特方法，他觉得这种方法一定可以推广。

经过不断尝试和改进之后，他开始四处推销这种炸鸡的经销权。在经历无数次拒绝之后，他终于在盐湖城卖出了第一个经销权，结果这种炸鸡大受欢迎，他成功了。

65岁时还遭受失败而破产，不得不靠救济金生活，在80岁时却成为世界闻名的杰出人物。桑德斯没有因为年龄而放弃自己的成功梦想，经过数年拼搏，终于获得了巨大的成功。如今，肯德基的快餐店在世界各地都是一道独特风景。

很多时候，在日常生活、工作中我们必须与寂寞相伴，没有任何选择。这就是现实，有嘈杂就有安静，有欢声笑语，就有寂静悄然。

寂寞让你有时间梳理自己躁动的心情；寂寞让你有机会审视自己的所作所为；寂寞让你站在情感的外圈探究感情世界的课题；寂寞让你向成功的彼岸挪动脚步，所以，寂寞不光是可怕的孤独。

寂寞是一种力量，而且无比强大。事业成就者的秘密有许多，生活悠闲者的诀窍也有许多。但是，他们有一个共同的特点，那就是耐得住寂寞。谁耐得住寂寞，谁就有宁静的心情；谁有宁静的心情，谁就水到渠成；谁水到渠成，谁就会有收获。山川草木无不含情，沧海桑田无不蕴理，天地万物无不藏美，那是它们在寂寞之后带给人们的享受。所以，耐得住寂寞之人，何愁做不成想做的事情。有许多人高估自己的毅力，但其实他们没有跟寂寞认真地较量过。

我们常说，做什么事情都要坚持，只要奋力坚持下来，就会成功。这里的坚持是什么？就是寂寞。每天循规蹈矩地做同样的事情，心便生厌，这也是耐不住寂寞的一种表现。

如果有一天，当寂寞紧紧地拴住了你，哪怕一年半载，为了自己的追求不得不与寂寞搭肩并进的时候，心中没有那份失落，没有那份孤寂，没有那份被抛弃的感觉，才能证明你的毅力

风吹哪页读哪页，哪页不懂撕哪页

坚强。

人生不可能总是热闹非凡，人生在世难免要面对寂寞。寂寞是一条波澜不惊的小溪，它甚至掀不起一个浪花，然而它却孕育着可能成为飞瀑的希望，渗透着奔向大海的理想。坚守寂寞，坚持梦想，那朵盛开的花朵就是你盼望已久的成功。

放低姿态，像南瓜一样默默成长

《伊索寓言》中有这样一个故事：

有一只狐狸喜欢自夸自大，它认为森林中自己最大。

傍晚，它单独出去散步，走路的时候看见一个映在地上的巨大影子，觉得很奇怪，因为它从来没有见过那么大的影子。后来，它知道是它自己的影子，就非常高兴。它平常就以为自己伟大、有优越感，只是一直找不到证据可以证明。

为了证实那影子确实是自己的，它就摇摇头，那个影子的头部也跟着摇动，它确信影子是自己的。它很高兴地跳舞，那个影子也跟着它舞动。它继续跳，正得意忘形时，来了一只老虎。狐狸看到老虎也不怕，就拿自己的影子与老虎比较，结果发现自己的影子比老虎的影子大，于是就不理老虎，继续跳舞。老虎趁着狐狸跳得得意忘形的时候扑了过去，把它咬死了。

一个人若种植信心，他便会收获品德。一个人若种下骄傲的种子，他必收获众叛亲离的果子，甚至带来不可预知的危险，就像那只自夸自大、自我膨胀的狐狸一样。

但高傲的姿态，却是现代人的通病。大家都想吸引别人的目光，殊不知这些目光可能是善意的，也可能是恶意的。越是高调的人，越容易成为众矢之的。老子在《道德经》中说："生而不有，为而不恃，长而不宰。"又说："功成名遂，身退，天之道。"

风吹哪页读哪页，哪页不懂撕哪页

如果成功之后，只知自我陶醉，迷失于成果之中停滞不前，那就是为自己的成就画了句号。

成功常在辛苦日，败事多因得意时。切记：不要老想着出风头。一个人的成绩都是在他谦虚好学、伏下身子踏实肯干的时候取得的，一旦骄气上升、自满自足，必然会停止前进的脚步。

有人会说，大凡骄傲者都有点儿资本。《三国演义》中"失荆州"的关羽和"失街亭"的马谡不是都熟读兵书、立过大功吗？这种说法其实是只看到了事情的表面，而没看到事情的本质。关羽之所以"大意失荆州"，马谡之所以"失街亭"，不正是因为他们自以为"有资本"而犯的错误吗？

一个人有一点儿能力，取得一些成绩和进步时，产生一种满意和喜悦感，这是无可厚非的。但如果这种"满意"发展为"满足"，"喜悦"变为"狂妄"，那就成问题了。这样，已经取得的成绩和进步，将不再是通向新胜利的起点和阶梯，而是成为继续前进的包袱和绊脚石，那就会酿成悲剧。

在这个世界上，每个人都在为自己的成功拼搏，都想站在成功的巅峰上。但是成功的路只有一条，那就是放低姿态，不断学习。在通往成功的路上，人们都行色匆匆，有许多人就是在稍一回首、品味成就的时候就被别人超越了。因此，有一位成功人士的话很值得我们借鉴："成功的路没有止境，但永远存在险境；没有满足，却永远存在不足。在成功路上立足的最基本的要点就是学习，学习，再学习。"

忍耐是痛苦的，但它的结果却很甜蜜

2007 年，火爆各大电视荧屏的电视剧《士兵突击》有下面几个关于主角许三多的情节：

结束了新兵连的训练，许三多被分到了红三连五班看守驻训场，指导员对他说"这是一个光荣而艰巨的任务"，而李梦说"光荣在于平淡，艰巨在于漫长"。许三多并不明白李梦话中的含义，但是他做到了。在三连五班，在广阔的大草原上，在你干什么都没人知道的那些时间和那个地点，他修了一条路，一条能使直升机在上空盘旋的路。

钢七连改编后，只剩下许三多独自看守营房，一个人面对着空荡荡的大楼。但他一如既往地跑步出操，一丝不苟地打扫卫生，一样嘹亮地唱着餐前一支歌，那样的半年，让所有人为之侧目。

袁朗的再次出现无疑是许三多人生中的又一个重要转折。对曾经活捉过自己的许三多，袁朗有着自己的见解："不好不坏、不高不低的一个兵，一个安分的兵，不太焦虑、耐得住寂寞的兵！有很多人天天都在焦虑，怕没得到，怕寂寞！我喜欢不焦虑的人！"于是许三多在袁朗的亲自游说下参加了老 A 的选拔赛，并最终成为老 A 的一员。

当他离开七〇二团时，团长把自己亲手制作的步战车模型送给许三多，并且说："你成了我最尊敬的那种兵，这样一个兵的价值甚至超过一个连长。"

许三多耐受寂寞的能力是他跨越各种障碍和逆境的优势，由此我们可以看出：成功需要耐得住寂寞！成功者付出了多少，别人是想象不到的。

每个人一生中的际遇都不相同，但只要你耐得住寂寞，不断充实、完善自己，当际遇向你招手时，你就能很好地把握住它，最终获得成功。

耐得住寂寞，是所有成就事业者共同遵循的一个原则。它以踏实、厚重、沉思的姿态作为特征，以一种严谨、严肃、严峻的态度，追求着人生的目标。当这种目标价值得以实现时，他仍不喜形于色，而是以更踏实的人生态度去探求实现下一个奋斗目标的途径。而浮躁的人生是与之相悖的，它以历来不甘寂寞和一味追赶时髦为特征，受到强烈的功利主义驱使。浮躁地向往，浮躁地追逐，只能产出浮躁的果实。这果实的表面或许是绚丽多彩的，但实际上不具有实用价值和交换价值。

我们要在安静中不慌不忙地坚强

西方有一位哲人在总结自己一生时说过这样的话："在我整整75年的生命中，我没有经历过四个星期真正的安宁。这一生只是一块必须时常推上去又不断滚下来的崖石。"所以，追求宁静，或者是追求寂寞对许多人来说成了一个梦想。由此看来，寂寞并不是每个人都能享受的。

可是，现实生活中，许多人害怕寂寞，时时借热闹来躲避寂寞，麻痹自己。繁华世界中，已经很少有人能够固守一方清静，独享一份寂寞了，更多的人脚步匆匆，奔向人声鼎沸的地方。殊不知，热闹之后的寂寞更加寂寞。我们如能在热闹中独饮那杯寂寞的清茶，也不失为人生的另类选择与生存方式。但是，寂寞并不是每个人都会享受的！

为未来进行抗争的人，才有面对寂寞的勇气；在昔日拥有辉煌的人，才有不甘寂寞的感受。

为了收获而不惜辛勤耕耘、流血流汗的人，才有资格和能力享受寂寞。

寂寞是一种难得的感觉。只有在拥有寂寞时，你才能静下心来悉心梳理自己烦乱的思绪；只有在拥有寂寞时，你才能让自己成熟。

许多人把失意、伤感、无为、消极等与寂寞联系在一起，认为将自己封闭起来就是寂寞。其实，这是一种误解。如果这样去超越生活，不仅限制生命的成长，而且还会与现实产生隔阂，这样的人只是在逃避生活。

寂寞是一种感受，是一种难得的感觉，是心灵的避难所，会给你足够的时间去舐舐伤口，重新以明朗的笑容直面人生。

懂得了寂寞，便能从容地面对阳光，将自己化作一杯清茗，在轻啜深酌中渐渐明白，不是所有的生长都能成熟，不是所有的欢歌都是幸福，不是所有的故事都是真实的。有时，平淡是穿越灿烂抵达美丽的一种高度，一种境界。

当寂寞来临时，轻轻关上门窗，隔去外面喧嚣的世界，默默独坐在灯下，平静地等待身体与心灵的一致，让自己从悲欢交集中净化思想。这样，被一度驱远的宁静会重新回归。你静静地用自己的理解去解读人世间风起云涌的内容，思考人生历程中的痛苦和欢愉。当你真实领悟了人生的丰富与美好，生命的宏伟和广大，让身心平直地立在生活的急流中，不因贪图而倾斜，不因喜乐而忘形，不因危难而逃避，你就读懂了寂寞，理解了寂寞。于是，寂寞不再是寂寞，寂寞成了一首诗，成了一道风景，成了一曲美妙的音乐。于是，寂寞成了享受，使我们终于获得了人生的宁静。

寂寞来临时，轻轻闭上双眼，去聆听远方的鸟鸣，去感受灵魂深处的快乐。

孤独，是每个梦想必须经历的体验

这是一个小岛，历史上西方列强曾七次从这一海域入侵京津。驻守在这个小岛上的是济空雷达某旅九站官兵。这个雷达站新一代海岛雷达兵在艰苦寂寞、气候恶劣的自然环境中，用青春和汗水筑起了一道天网。

近年来，连队雷达情报优质率始终保持100%，先后20多次圆满完成中俄联合军事演习等重大任务，被誉为京津门户上空永不沉睡的"忠诚哨兵"。

这个雷达站80%的官兵是"80后"，70%的官兵来自城镇、经济发达地区和农村富裕家庭，50%的官兵拥有大中专以上学历。尽管如此，这些新一代军人仍然能够像当年的"老海岛"一样，吃大苦、做奉献、打硬仗。

风平浪静时，小岛十分美丽，初进海岛的官兵都会感到心清气爽。可不到一个星期，无法言喻的孤独和寂寞就会悄然爬上心头。白天兵看兵，晚上听海风。值班时，盯着枯燥的雷达屏幕看天外目标；休息时，围着电视机看外面的世界。除了连队的文体活动场所外，小岛上没有任何可供官兵休闲娱乐的去处。每当有客船来岛，听到进港的汽笛声，没有值班任务的官兵就会欢呼雀跃地拉起平板车跑向码头，去接捎给连队的货物，顺便看上一眼岛外来人的陌生面孔，呼吸几口船舱带来的岛外空气。孤岛上的寂寞，连祖祖辈辈生活在这里的渔民都发出这样的感慨："初来小

风吹哪页读哪页，哪页不懂撕哪页

海岛，心境比天高；常住小海岛，不如死了好。"

多年来，60多名战士从当兵到复员都没有出过岛，守住了孤独，守住了寂寞。目前，九站已连续12年保持先进，年年被评为军事训练一级单位，先后两次被军区空军评为基层建设标兵连队，荣立集体二等功、三等功各一次。

"论至德者不和于俗，成大功者不谋于众"，从侧面阐明的正是这个意思：至高无上之道德者，是不与世俗争辩的；而成就大业者往往是不与老百姓和谋的。这话听起来似乎有悖于历史唯物主义，但细细想来，也不无道理。"头悬梁锥刺股"也好，"孟母三迁""凿壁偷光"也好，大都说的是，成就大业者在其创业初期，都是能耐得住寂寞的，古今中

外，概莫能外。门捷列夫的化学周期表的诞生，居里夫人镭元素的发现，陈景润在哥德巴赫猜想中摘取的桂冠等，都是在寂寞中扎扎实实做学问，在反反复复地冷静思索和数次实践后才得以成功的。

耐得住寂寞是一个人的品质，不是与生俱来的，也不是一成不变的，它需要长期的艰苦磨炼和自我修养、完善。耐得住寂寞是一种有价值、有意义的积累，而耐不住寂寞往往是对宝贵人生的挥霍。

一个人的生活中有可能会有这样那样的挫折和机遇，但只要你有一颗耐得住寂寞的心，用心去等待与守望，成功一定会属于你。

把每一件简单的事情做好就是不简单

张瑞敏曾经说过："什么是不简单？能把每一件简单的事情做好就是不简单。什么是不平凡？能把每一件平凡的事情做好就是不平凡。"人不能重大轻小，这样容易一事无成。真正的成事之道是：不急于做大事，而是从小事做起。

老子所说的"天下难事，必作于易"这句话更是精辟地指出了凡事皆应该从简单的事情做起，因为平凡的事情往往更加重要。其实，做平凡的事情是人在社会竞争中的基础。只有将平凡的事做好，努力把平凡的事做细，小事成就大事，细节才能成就完美。

所以，你要想比别人优秀，就要在每一件小事上下功夫。认真地把事情做对，用心地把事情做好。看不到平凡的事的人，或者不把平凡的事当回事的人，做什么事都会敷衍了事。这种人无法把生活当作一种乐趣，也无法体会到生活中的成就感。而注重细节的人，不仅认真对待生活，将平凡的事做细，而且注重在做事中找到机会，从而使自己走上成功之路。

曾任我国驻纳米比亚大使的任小萍女士说："在我的职业生涯中，每一步都是组织上安排的，我自己其实没有什么自主权。但是，在每一个平凡岗位上，我都要有自己的选择，那就是要比别人做得更好。"

大学毕业后任小萍被分配到英国大使馆做一个普普通通的接线员，很多人都认为这是一个很没前途的工作，但是任小萍对这个普通工作的态度却是十分认真的。她把使馆所有人的名字、电话、工作范围，甚至连他们家属的名字都背得滚瓜烂熟。有些电话进来，不知道该找谁，她就会尽量帮对方准确地找到人。慢慢地，任小萍成了一个全面负责的留言点，还成了一个主管式的秘书。

不久之后，任小萍就因工作出色而被破格调去给英国某大报记者处做翻译。该报的首席记者是一个名气很大的老太太，得过战地勋章，被授过勋爵。但老太太的脾气也很大，甚至把前任翻译给赶跑了。这位老太太因为看不上任小萍的资历，所以刚开始就不想要她。在经过朋友的劝说后，老太太才不情愿地同意让任小萍试一试。结果 1 年后，老太太逢人便说："我的翻译比你的好上十倍。"

不久之后，因为工作出色，任小萍又被破格调到美国驻华联络处，在那里她干得又同样出色，因此获得了外交部的嘉奖。

常言道：一屋不扫，何以扫天下。人生当中无小事，每做好一件平凡的事情实际上都是对自身能力和素养的一次锻炼。尤其是年轻人，千万不要因为事情小或者微不足道就鄙视它，放弃将会使你失去一次锻炼的机会，也就减少了一次提升自己的机会。现代有句流行的话说：态度决定一切。

如果你能实事求是，丢掉不切实际的幻想，不骄不躁，从身

边的小事做起，扎根于不起眼的工作之中。那么，成功也就离你越来越近了。

所以，我们应该改变心浮气躁、浅尝辄止、眼高手低的毛病，要注重平凡的事情，用一颗平常心，把小事做好。在这个世界上，最容易完成的事情是最简单的事情，最难完成的事情是成百成千次地重复一件件简单的事情，而成功就恰恰蕴藏于此。

认准了，就要一直走下去

天台智者大师说："一切诸佛土，实皆平等。但众生根钝，浊乱者多，若不专系一心一境，三昧难成。"

每个人的出生背景不同，天赋条件各有差异，但机会都是均等的，人人都有成大器的可能。打个比方，家庭富裕的人，创业比较容易，但太容易到手的成功，缺乏吸引力，难免影响创业激情；出身贫寒的人，举步维艰，但是，穷则思变，过多的生活磨难能让人对成功充满渴望，激发斗志。

所以，对于创业来说，无论贫者富者，都是有利有弊，如能因利除弊，都可能大获成功。天资聪颖的人，学知识比较迅速，却可能对知识的理解趋于表面；头脑愚钝的人，学知识比较困难，却可能因苦心钻研而理解

透彻。所以，两者在成为智者的条件上几乎是一样的。

虽然每个人都有成大器的可能，也有成大器的意愿，但最终心想事成者只是少数人。这是为什么？因为多数人不能认定目标并持之以恒。在这个世界上，值得追求的东西很多，如果什么都想要，就什么也得不到。只有选定一个目标，盯紧它，全力追赶它，不受其他目标的诱惑，才可能达成心愿。

这个道理，好比狮子追捕猎物。狮子会盯紧前面的目标穷追不舍，即使身边出现其他猎物，距离比前面的猎物更近，它也不会改换目标。这是为什么呢？狮子追捕猎物，不仅是速度的较量，而且是体能的较量。

只要盯紧前面的目标，当猎物跑累了，十有八九会成为狮子的美餐。如果狮子改换目标，新猎物体能充沛，跑得会更快、更久，捕捉到的可能性更小。如果狮子不断更换目标，累死了也不会有收获。

干事业也是如此，人的精力有限，能办成的事毕竟很少。如果精力分散，到头来只会两手空空。必须对一个目标穷追不舍，才可能有所收获。

禅宗慧远大师悟道的过程，就是一个目标专一的例子。

慧远年轻时喜欢四处游历。有一次，他遇到一位嗜烟的行人，两人结伴走了很长一段山路后，坐在河边休息。那位行人给慧远敬烟，慧远欣然接受了。由于谈得投机，那人又送给他一根烟管和一些烟草。

两人分手后，慧远心想：这个东西实在令人舒畅，肯定会打扰我禅修，时间长了一定恶习难改，还是趁早戒掉吧！于是，他把烟管和烟草都扔掉了。

后来，慧远迷上了书法，进步甚快，受到行家好评。慧远又想："我的目标不是成为书法家，何必潜心于书法？"自此，他又放弃了书法。

最后，慧远摆脱了一切爱好的诱惑，一心参悟，终成一代大师。

我们无论从事任何行业，要想获得令人瞩目的成功，都需要具备很强的目标专注力。这就是说，要把精力尽可能用到与目标相关的事情上，而放弃其余。

世上无所谓高尚的职业，也无所谓低贱的职业。无论任何事，只要一心一意把它做到极致，就能成就杰出。

在现代社会，机会繁多。但是，过多的选择机会反而容易使人见异思迁，走上迷途。如何克服机会的诱惑？这是有志于造就一番事业者的必修课。

每一个幸运的现在，都有一个努力的曾经

荀子说过："不积跬步，无以至千里；不积小流，无以成江海。骐骥一跃，不能十步；驽马十驾，功在不舍。锲而舍之，朽木不折；锲而不舍，金石可镂。"如果我们每天都努力，人生几十年坚持天天如此，那么量变必然引起质变，所积累的力量必定

风吹哪页读哪页，哪页不懂撕哪页～～～

是不可估量的。低调人的坚持是世界上最伟大的力量，也正是这种力量让他们最终取得成功。

北魏节闵帝元恭，是献文帝拓跋弘的侄子。孝明帝当政时，元义专权，肆行杀戮，元恭虽然担任常侍、给事黄门侍郎，却总担心有一天大祸临头，便索性装病隐居。那时候，他一直住在龙华寺，和朝中任何人都不来往。他潜心研究经学，到处为善布施，就这样装病装了将近12年。

孝庄帝永安末年，有人告发他不能说话是假，心怀叵测是真，而且老百姓间流传着他住的那个地方有天子之气。孝庄帝听说这个消息之后，就派人把他捉到了京师。在朝堂上，孝庄帝当面询问元恭有关民间传说之事，元恭依然装聋作哑，而且态度十分谦卑。最后，孝庄帝认定他根本不会有所作为，只不过想安享晚年而已，于是就放了他。

到了北魏永安三年十月，尔朱兆立长广王元晔为帝，杀了孝庄帝。那时，坐镇洛阳的是尔朱世隆。他觉得元晔世系疏远，声望又不怎么高，便打算另立元恭为帝。更有知情人告诉他元恭只是装病，为的就是躲过仇人的追杀，如此胸襟和智慧非一般人所有。尔朱世隆于是暗访元恭，得知他常有善举，为人随和而且学识渊博，在当地深得人心。不久，元恭即位当了皇帝。

人生多舛，世事艰难。那些成功者并不一定都拥有好运气，但是他们必定都是从逆境中拼搏而站起来的。也就是说，人生少不了逆境，少不了坎坷，少不了挫折。而成就往往就是在逆境中低调积聚力量的结果，只有那些不断磨炼自己的人才能取得成功，才能突破人生的逆境，忍受人生的挫折，走过人生的坎坷。

低调处世可以追求自己内心的境界，这何尝不是一种成功。他们并不一定有多大的野心，但内心世界的升华也是一种境界。战国的庄子，东晋的陶渊明，他们能够舍弃繁华生活，追求一种内心的沉静和智慧，谁又能说他们不是成功呢？在当今这个物欲充斥的社会，这种从心底里寻求低调生活的人往往无欲则刚。

保持一种低调的姿态，不断积聚力量的人必定会是笑到最后的人。低调之人不会引人忌妒，也不会引人非议。或者出于局势所迫，或者天性使然，懂得低调中积聚力量的人一定会有所作为。

第 5 章

穿越逆境，
直抵繁星

征服自己是最大的胜利

一家电器公司有一位修理工叫汉斯，他工作相当认真，做事也很尽职尽责。不过他对人生很悲观，常以消极的态度对待这个世界。

有一天，公司的职员都赶着去给老板过生日，大家都走得十分匆忙，没有人注意到汉斯竟被关在一个待修的冰柜里面。汉斯在冰柜里拼命地敲打着、叫喊着，可是全公司的人都走远了，根本没有人听到。汉斯的手掌敲得红肿，喉咙叫得沙哑，也没有人理睬，最后他只得颓然地坐在里面喘息。他愈想愈可怕，心想：冰柜里的温度只有零下 16℃，如果再这样下去，一定会被冻死。汉斯感觉气温在下降，越来越冷。汉斯明白，这样下去肯定会没命的，他只好用冻得僵硬的手写下一份遗书。

第二天早上，公司的职员陆续来上班。他们打开冰柜，赫然发现汉斯倒在里面。他们赶忙将汉斯送去急救，但他已没有生命迹象。医生诊断汉斯是被冻死的，但大家都很惊讶，因为冰柜里的冷

冻开关并没有启动，这巨大的冰柜里也有足够的氧气，更令人纳闷的是，柜里的温度一直是16℃，但汉斯竟然被"冻"死了！

其实汉斯并非死于冰柜的温度，而是死于自己心中的冰点，他自己给自己判了死刑。

小刘是某图文公司的策划。他生性好拖延，在公司做了不到1□□□拖延、得过且过的坏习惯逐渐被老板发现。老板因此有□□□□□□评了他，他不以为意，振振有词地为自己落后□□□□□□□地失望至极，最终让他走人了。小刘经□□□□□□□恶习，他下决心改掉拖延的老毛病。□□□□□□□□□工作，老板开始很看重他，他也时常以□□□□□□□他的工作像模像样，没有一次拖延□□□□□□□许多，小刘已完全取得了老板的信任。□□□□□□于是时不时又出现工作拖延的现象。□□□□□时积极、认真了，但由于对他第一印象好，□□□是最近有别的事分心，抑或工作压力大、任务棘手，就没责怪他。小刘以为老板不把他拖延工作当回事，于是愈发懒惰，终于怠慢到每个策划方案都要拖上 1 周甚至半个月，给公司造成不小的损失。老板终于忍无可忍，把他开除了。

人生在世，如果征服不了自己，那么人就会纵容自己，为所欲为。如果你不尽力克制，而放纵自己在堕落的生活圈里寻求满足，那么最终你会为自己带来灾难。

不能战胜自己，你就会放纵自己的情绪，这不仅影响别人的情绪，也会改变别人对你的看法。尤其是嫉妒、拖延、自卑这些伤人的利剑，它们不但会影响你的人际关系，还会影响你的心情，使你终日生活在阴影里，没有前途可言。

我们在困境面前最需要的是战胜自己，让自己心中的冰点消融。需要勇气的时候，先要战胜自己的懦弱；需要洒脱的时候，先要战胜自己的执迷；需要勤奋的时候，先要战胜自己的懒惰；需要宽宏大量的时候，先要战胜自己的浅薄；需要廉洁的时候，先要战胜自己的贪欲；需要公正的时候，先要战胜自己的偏私。只有战胜自我，我们才能战胜人生。

错误，是成长的一部分

在日本，有一名僧人叫奕堂，他曾在香积寺风外和尚处担任掌理饮食典座。

有一天，寺里有法事，临时决定提早进食。乱了手脚的奕堂，匆匆忙忙地把萝卜、胡萝卜、青菜随便洗了一洗，切成大块就放到锅里去煮。他没想到青菜里居然有条小蛇，就把煮好的菜盛到碗里直接端出来给客人吃。

满堂来客一点儿也没发觉。当法事结束客人回去后，风外把奕堂叫去，用筷子把碗中的一样东西挑起来问他："这是什么？"

奕堂仔细一看，原来是蛇头。他心想这下完了，不过还是若无其事地回答："那是个胡萝卜的蒂头。"

奕堂说完就把蛇头拿到手上，放到嘴里，咕噜一下吞下去了。风外对此佩服不已。

智者就是如此，犯了错误，他不会一味自责、内疚或寻找借口推卸责任，而是采取适当的方式正确地应对。

生活中，我们每个人都会犯错。犯了错只表示我们是人，不代表就该承受如下地狱般的折磨。我们唯一能做的就是正视这种错误的存在，从错误中学习，以确保未来不再发生同样的错误。

"随它去吧！"智者说，"它不会持久的，没有一个错误会持久的！"

太阳光芒万丈但还有黑子，人非圣贤，孰能无过？做错了就应该正视自己的错误，勇敢承担责任，及时勉励，确保以后不再发生。而不应推卸责任、想方设法为自己辩护或自责不已，无地自容，恨不得找个地缝钻进去。

犯一次错没什么大不了，原谅自己，相信自己下不为例，所谓聪明人不会重复同样的错误，就是这个道理。若把时间、精力都放在自怨自艾、自暴自弃上，那你不但以后还会犯类似的错误，而且会对自己更没信心，把自己的生活搞得更加糟糕。

懂得爱自己、宽容自己，才是生活的智者。

依赖拐杖正是你连连跌倒的原因

伐木工人巴尼·罗伯格在伐一棵大树时，大树突然倒下，他来不及躲避，被大树粗壮的枝干压在树干下。当他苏醒过来时，他发现自己的左腿被树干死死压住，不管自己怎么使劲儿也抽不出来。

天快黑了，周围一个工友也没有。巴尼想，如果就躺在地上等待有人来救援，恐怕自己在被人发现之前就会因失血过多而死去。现在唯一的办法是自救，即把压在腿上的树干砍成两截，才有可能抽出左腿。

于是，巴尼拿起身边的斧子，一下一下地砍起树干来。可没砍几下，斧柄突然断了。巴尼在绝望之余，意识到了只有砍断自己的左腿才是唯一的求生之路。

没有犹豫，忍着剧痛，巴尼砍断了自己的左腿，再以惊人的毅力爬到了山下的工棚里，并拨通了医院的电话。

巴尼用失去一条腿的"残酷"代价，换来了生命。而他之所以能活下来，就是因为他进行了积极的自救。

巴尼的自救行为让我们认识到了：命运就在自己手中。一味地依靠、信赖别人的人，只会等来失败。积极地创造条件改变自己的命运，才能打败磨难，走出困境。

有一个人在屋檐下躲雨。看见一个和尚正打伞走过，这人说："大师，你们佛门弟子以普度众生为责任！带我一段如何？"

和尚说："我在雨里，你在檐下，而檐下无雨，你不需要我度。"

这人立刻跳出檐下，站在雨中："现在我也在雨中了，该度我了吧？"

和尚说："我也在雨中，你也在雨中。我没有被雨淋，是因为有伞；你被雨淋，是因为无伞。所以不是我度自己，而是伞度

我。所以不必找我，请自找伞！"说完便走了。

据说犹太人教育子女时，会在孩子们面前挖一个坑，然后叫孩子往前快跑。孩子如果不小心地掉进坑里，就一定会遭到严厉的责备：

"在这个世界上，不要去求任何人，只能相信你自己。"

同样，在日常生活中，如果犹太人的孩子自己摔倒了，绝不会连哭带闹。他们大都会自己爬起来，因为他们知道，哭闹无济于事。这些父母并不是狠心的爹娘，他们足够聪明，他们知道孩子最应该得到的是什么。

自己的命运应掌握在自己的手中，要想拥有一个高质量的人生，就要给自己足够的信心；要想平平庸庸过一辈子，别人也没办法。只有相信自己的力量，才能谱写出自己想要的人生妙曲。

另起一行也算第一

有一个小女孩，相貌平平，学习成绩也一般。虽然大家平日里都不太注意她，但她脸上总有阳光般的笑容。

朋友问她开心的秘密，她轻轻地说："我知道自己很平凡，可是我每一天都努力第一个走进教室，坐下来念书。我心里也有第一名的骄傲。"

是的，我们很普通，常常遭遇窘境，但是还有许多小径可以通向人生的亮丽舞台，人人都可以成为第一名。

琼斯有一个小农场，日子过得平静如水。

有一天，灾难降临了。他患了全身麻痹！这个可怜的老农民整天只能待在床上，彻底失去了自理能力。他的亲戚们都认为，他将永远成为一个失去希望、失去幸福的病人，他不可能再有什么作为了。然而，琼斯却又有了新的作为。

他能思考，他确实在思考，在计划。

有一天，正当他致力于思考和计划时，他发现了那个最重要的生活法宝——积极的心态。

琼斯满怀希望，他要把创造性的思考变为现实。他要成为有用的人，而不要成为家庭的负担。

他把他的计划讲给家人听。

"我再也不能用我的手劳动了，"他说，"所以我决定用我的头脑去工作。如果你们愿意的话，你们每个人都可以代替我的手、脚和身体。我们需要把我们农场里每一亩可耕的地都种上玉米，然后我们就养猪，用所收的玉米喂猪。"

"当我们的猪还幼小肉嫩时，我们就把它宰掉，做成香肠。然后把香肠包装起来，包装成一个品牌出售，我们可以在全国各地的零售店出售这种香肠。"

他低声轻笑，接着说：

"这种香肠将像糕点一样畅销。"

几年后，"琼斯仔猪香肠"十分受人喜爱，几乎成了美国家庭生活的必备品。

可见，人生中条条大路通"第一"。你要拿出足够的勇气和热情，相信自己，终有一天，你会惊喜地发现：另起一行，我也可以做到第一！

不漂亮，但依然可以美丽

彼得经常向他的朋友讲述他的一次经历，因为那次经历让他认识到了什么叫真正的美丽。

"一天下班后我乘中巴回家。车上的人很多，站在我对面的是一对恋人，他们亲热地相挽着。那女孩背对着我，她的身材看上去很标致，高挑、匀称，活力四射。她的头发是染过的，是最时髦的金黄色。她穿着一条今夏最流行的吊带裙，是一个典型的都市女孩，时尚、前卫、性感。他们靠得很近，低声絮语着什么，这位女孩不时发出欢快的笑声。笑声引得许多人把目光投向他们，大家的目光里似乎有羡慕，不，似乎还有一种惊讶，难道女孩美得让人吃惊？我也有一种冲动，想看看女孩的脸，想看看那张倾城的脸上洋溢着幸福时会是什么样子。但女孩没回头，她的眼里只有她的恋人。

"后来，他们大概聊到了电影《泰坦尼克号》，这时那女孩便轻轻地哼起了那首主题歌。女孩的嗓音很美，把那首缠绵悱恻的歌处理得很到位，虽然只是随便哼哼，却有一番特别动人的力量。我想，只有足够幸福和自信的人，才会在人群里肆无忌惮地欢歌。

"很巧，我和那对恋人在同一站下了车，这让我有机会看看女孩的脸。我的心里有些紧张，不知道自己将看到怎样一个令人悦目的绝色美人。可就在我大步流星地超过他们并回头观望时，我惊呆了！我也理解了片刻之前车上的人那种惊诧的眼神。那是一张被烧坏了的脸，用'触目惊心'这个词来形容毫不夸张！这样的女孩居然会有那么快乐的心境。"

这个女孩虽然不漂亮，却有一颗美丽的心。

清代有一位将军叫杨时斋，他认为军营中没有无用之人。聋人，安排在左右当侍者，可避免泄露重要军事机密；哑者，派他传递密信，一旦被敌人抓住，除了搜去密信之外，再也问不出更多的东西；腿瘸者，命令他去守护炮台，坚守阵地，他很难弃阵而逃；盲人，听觉特别好，命他战前伏在阵地前窃听敌军的动静，担负侦察任务。

可见，人人都有自己的独特之处，但这需要你仔细发掘，用心发现。

其实，每个人都不会是十全十美的，总会有这样或那样的缺陷，但毫无疑问，每个人都有自己的闪光之处，我们要善于发现和发扬自己的闪光点，以己之长补己之短，变不利为有利。

历史上的一些著名人物，如亚历山大、拿破仑、晏子、康德、贝多芬等，他们生来身材矮小，相貌平平，但是他们最终成为伟大的军事家、政治家、哲学家和音乐家。他们的形象顶天立地，他们的英名流传千古。

戴尔·卡耐基说："一种缺陷，如果生在一个普通人身上，他会把它看作是一个千载难逢的借口，竭力利用它来偷懒、求饶、博取同情。但如果生在一个有作为的人身上，他不仅会用种种方法来将它克服，还会利用它干出一番不平凡的事业来。"

每个人都是自己命运的主宰者

在一个风雨交加的日子，有一个乞丐来到富人家讨饭。

"滚开！"富人家的仆人说道。

乞丐说："只要让我进去，在你们的火炉上烤干衣服就行了。"

仆人以为这不需要花费什么，就让他进去了。这个乞丐请求厨娘给他一个小锅，以便他"煮石头汤喝"。

"石头汤？"厨娘说：

"我想看看你怎样用石头做成汤。"于是她就答应了。

于是乞丐到路上拣了一块儿石头洗净后放在锅里煮。

乞丐尝了一口道:"真好喝,不过放点儿盐就更好了。"厨娘便给他一些盐。就这样,她又给了他豌豆、薄荷、香菜。最后,乞丐又把能收集到的碎肉末都放在汤里。

后来,乞丐把石头捞出来扔掉,然后美美地喝了一锅肉汤。

生活中,只要你用了心,再加上智慧,你也能将平淡无奇的命运熬成一锅好汤。

汪野一郎 23 岁时,从外地来到东京。东京是一个十分繁华的商业城市。他看到有人用钱买水,很是奇怪:"水还得用钱买吗?"

看到这种情景,和汪野一郎一块儿来到东京的人中很多人想:东京这个地方,连喝点儿水都要花钱,生活费用实在太高,怕难以久居。于是他们离开了东京。

可汪野一郎并不这样想。他想:"想不到东京这个地方,居然连卖水都能赚钱。"看到这个商机,他大感兴奋,从此开始了他的创业生涯。后来,他成了日本的"水泥大王"。

同是一桶水,不同的人,看到的是两个截然不同的角度。

著名音乐家贝多芬从小听觉就有缺陷,中年耳朵全聋后还克服困难写出了优美的《第九交响曲》,他的名言"人啊,你当自助"成为许多自强不息者的座右铭。

解放黑奴的美国总统林肯,他力求从教育方面来汲取力量,拼命自修,以克服早期的知识匮乏和孤陋寡闻。他发奋读书,最终，摆脱了自卑，成为一代伟人。

一个人的真正价值取决于他能否从自我设定的陷阱里超越出来，而真正能够给我们幸福的，只有我们自己。

像自己想成为的人那样去生活

一座深山里有两块石头，第一块石头对第二块石头说："与其在这里默默无闻，还不如到外面的世界去经历一番艰难冒险，经历一些磕磕碰碰。能够见识一下旅途的风光，也就知足了。"

"不，何苦呢？"第二块石头说，"安坐高处，一览众山小，周围花团锦簇，谁会那么愚蠢地在享乐和磨难之间选择后者。再说那旅途的艰险磨难会让我粉身碎骨的！"

于是，第一块石头随山溪翻滚而下，虽然受尽了雨雪风霜和大自然的磨难，但它依然执着地在自己的旅途上奔波。第二块石头见它如此辛劳和艰苦，讥讽地笑了，它独自在高山上享受着安逸和幸福。许多年后，饱经风霜、历尽沧桑、千锤百炼的第一块石头被有心人发现了，并被收藏在博物馆中。它们成了世间的珍品、石艺的奇葩，被千万人赞美称颂。第二块石头知道后，后悔当初，现在它也想去投入到世间风尘的洗礼中，然后获得像第一块石头所拥有的成功和高贵，可是一想到要经历那么多的坎坷和磨难，甚至疮痍满目、伤痕累累，还有粉身碎骨的危险，它便又退缩了。

一天，人们为了更好地珍存那石艺的奇葩，准备为第一块石头重新修建一座博物馆，建造材料全部用石头。于是，他们来到高山上，把第二块石头凿方推平，给第一块石头盖起了博物馆。

读了这个故事，你希望自己做哪一块石头？

19 世纪末，英国有一位唯美派作家王尔德，他对于文学事业非常投入，写作时一丝不苟、不遗余力，改稿时不厌其烦，以求达到完美。有一天，王尔德显得有些劳累，当他在餐馆用晚餐时，他的好友问他说："你今天一定很忙吧？看你一副累垮了的模样。"王尔德回答："是啊！今天真是累人，我整个上午都在校对一篇诗稿。"朋友说："只是这样啊！结果呢？"王尔德说："结果删掉了一个逗点，真的好累！"朋友吃惊地说："就只有这样？"王尔德很认真地说："是这样没错啊！可是……"朋友好奇地追问："可是什么？"王尔德说："可是到了下午，我又把那个删掉的逗点加了回去。"

正是由于这种精神，他的不少作品成为世界名著，到现在还广为流传。

世界上第一位亿万富翁——石油大王洛克菲勒曾对他的儿子说："我之所以成功是因为我一贯地追求完美。要做就做第一，在我眼中，第二名和最后一名没有什么区别。"

追求完美，是人类自身在成长过程中的一种心理特点或者说是一种天性。人类正是在这种追求中不断完善自己，使得自身脱去了以树叶遮羞的衣服，变得越来越漂亮，成为这个世界万物之精灵。如果人只满足于现状，而失去了对完美的追求，那么人大概现在还只能在森林中爬行。

凤凰涅槃是追求完美的典范。传说天方国有神鸟叫"菲尼克斯"，满 500 年后，它们堆集香木自焚，又从死灰中再生。

泰戈尔曾说："天地万物都在追求自身的独一无二的完美。"我们虽然做不到完美，但我们可以追求完美，至少我们在向完美靠近。

坚强的自信心是远离痛苦的重要方法

自信的释义是：对自己恰当、适度的信心，也是心理健康的重要标志。如果你有了自信，你就是最有魅力的人。

做一个不依不靠、独立自主的人，并不一定非得是那种自主创业的强人，但是在内心深处必须有一个信念，就是一定要做强者！

心态决定一切，尤其是你对自己的态度，这不仅决定着每一件具体事情的结果，而且决定着你将面临一个什么样的命运。

只有最自信、最有勇气去追求的人才最有魅力。

小青是一个极其普通的农村女青年，当年高考落榜后，她不甘消沉，勤奋苦学。后来，她到大城市去打工，日子的艰苦程度自然能够想象得到。有时一天三餐都吃不饱，可是小青并没有因为生活的艰辛而放弃梦想，她一直坚信自己可以摆脱这种穷苦的生活。

后来，她到一家报社毛遂自荐要当一名记者。她的文笔确实不错，思维也很敏捷，并且她不要一分工资，因而被成功录用。小青的日常生活就靠写稿来维持。经过几年的努力，她成了一位颇有名气的记者，而且在所有女记者当中，她是最年轻的一位。

自信是成功人生最初的驱动力，是人生的一种积极的态度和向上的激情。在我们周围，有许多人或许没有迷人的外表，或许没有最好的年龄，但是他们拥有自信，每天都开心地面对工作和生活。他们总是给人一种赏心悦目、如沐春风的感觉，他们凭借自己的信心去过自己想要的生活，这样的人永远自信快乐。

我们可以从下面这些途径和方法中找到自己的自信。

1.挑前面的位置坐

日常生活中，无论是在教室或各种聚会中，不难发现后排的位置总是先被坐满。大部分选择后排座位的人有一个共同点，就是缺乏自信。坐在前面能建立自信，试试看把它作为一个准则。当然，坐在前面会引人注目，但是要明白，有关成功的一切都是显眼的。

2.试着当众发言

许多有才华的人无法发挥他们的长处参与到讨论中，他们并不是不想发言，而是缺乏自信。从积极的角度来说，适量地发言会增强自己的信心，不论是赞扬还是批评，都要大胆地说出来，不要害怕自己的话说出来会被人嘲笑，总会有人同意你的意见，所以不要再问自己："我应该说出来吗？"

风吹哪页读哪页，哪页不懂撕哪页

该说的时候一定要大声说出来，提高自信心的一个强心剂就是语言能力。一个人如果可以把自己的想法清晰、明确地表达出来，那么他一定具有明确的目标和坚定的信心。

3. 加快自己的走路速度

通常情况下，一个人在工作、情绪上的不愉快，可以从他松散的姿势、懒惰的眼神上看出来。有心理学家指出，改变自己的走路姿势和速度，可以改变心理状态。看看周围那些表现出超凡自信心的人，走路的速度肯定比一般人要快一些。从他们的步伐中可以看到这样一种信息：我自信，相信不久之后我就会成功。所以，试着加快自己的走路速度吧。

4. 说话时，一定要正视对方

眼睛是心灵的窗户，和对方说话时眼神躲躲闪闪就意味着告诉对方：我犯了错误，我瞒着你做了别的事，怕一接触你的眼

神就会穿帮。这是不好的信息。而正视对方就等于告诉他：我非常诚实，我光明正大，我所说的话都是真的，我不心虚。要想你的眼睛为你工作，就要让你的眼神专注他人，这样不但能增强自己的信心，而且能够得到别人的信任。

5.不要顾忌，大声地笑

笑可以使人增强信心，消除内心的惶恐，还能够激发自己战胜困难的勇气。真正的笑不但能化解自己的不良情绪，还能够化解对方的敌对情绪。向对方展露真诚的微笑，相信对方也不会再生你的气了。

自信的人是最美的，他所散发出来的魅力不会因外表的平凡而有丝毫的减少。要用欣赏的眼光看世界，更要用欣赏的眼光看自己。好好欣赏你自己，因为自信，所以你魅力四射，光彩夺目。

第 6 章

耕耘恰到好处，
收获总会如约而至

与其愤怒，不如自嘲

自嘲，犹如一面镜子，每当你对着它照的时候，看到的往往不是你的优点，而是你的缺点。每当你在面对这面"镜子"时，也许你会不满意地对着自己笑一笑，或是对着镜子里的你自嘲一番，此时你心中的烦恼也就随风而去了。敢于自嘲的人，往往是乐观豁达的人，有一种敢打敢拼、敢作敢为的性格。

古时候，有一个文人叫梁灏，少年时曾立下誓言，不考中状元誓不为人。然而他时运不济，屡试不中，受尽别人的讥笑。但梁灏并不在意，他总是自我解嘲地说，考一次就离状元更近了一步。他在这种自嘲的心理状态下，从后晋天福三年（938年）开始应试，历经后汉、后周，直到宋太宗雍熙二年（985年）才考中状元。他写了一首自嘲诗："天福三年来应试，雍熙二年始成名。侥他白发头中满，且喜青云足下生。观榜更无朋侪辈，到家唯有子孙迎。也知少年登科好，怎奈龙头属老成。"

勇于自嘲使梁灏走过了漫长的坎坷之路，终于成功，同时乐观的心态也使他长寿，他活到九旬高龄。

所以说，自嘲作为生活中的一种艺术形式，具有协调心理和

风吹哪页读哪页，哪页不懂撕哪页

干预生活的功能。它不但能帮助人减少烦恼，增添快乐，还能帮助人更清楚地认识真实的自己，战胜自卑的心理，应对周围众说纷纭的评价带来的压力，摆脱心中种种不平衡和失落的挫败感，获得精神上的满足。许多人总以为自嘲是一件非常丢脸的事，其实并非如此，嘲笑自己的过失也是一种学问。自嘲通常通过语言来完成，因此带有强烈的个性化色彩。

美国有一位著名演说家叫巴尔德，他的头发少得可怜。在他过生日那天，有很多朋友来给他庆贺生日，他的妻子悄悄地劝他戴顶帽子。他却大声对着客人说："我的妻子劝我今天戴顶帽子，但是你们不知道头发少有很多好处，比如说我是第一个知道下雨的人！"这句嘲笑自己的话，一下子使聚会的气氛变得轻松起来。

由此可见，敢于自嘲，还可以使人扭转局面，摆脱窘境。其实，每个人都会有缺点，每个人的人生也都会有缺憾，对人对事，谁都难免会遇到尴尬的处境。所以，当别人指出我们的缺点时，我们不妨笑着接受，因为那可能是你永远无法更改的现实。那些不愿意面对现实甚至逃避现实的人，往往不会心平气和地接受别人的指责或批评，而会怒目相对或反唇相讥，这就会将气氛弄僵，使关系逐渐恶化。

有一些人听到批评或反驳，之所以会有反常的激烈举动，是因为他们心理脆弱、缺乏勇气，他们不愿承认别人所说的是真的。一旦别人指出他们的缺点，他们自然就承受不了了，立刻激烈地百般狡辩。

而受到批评，能努力改进并自嘲面对的人，通常是一个谦虚、勇敢的人。身处在大千世界纷繁的环境中，会遇到形形色色的人，不受到批评或嘲讽是不可能的。所以每个人都应该有意识地培养自己勇敢自嘲的能力，使自己在人生的路上尽快达成自己的目标，实现自己的人生价值。

美国前总统林肯从小就有自卑感，他就是通过自嘲来克服自卑，培养出自己成功的信念。在竞选总统时，他的对手攻击他两面三刀，搞阴谋诡计。林肯听后指着自己的脸说："让公众来评判吧。如果我还有另一张脸的话，我会用现在这一张吗？"

对于每一个人来说，面子是一个大问题。因为人人都要争面子，不敢嘲笑自己就是为了不丢面子。其实，正是由于不敢自嘲，很多人才丢了更大的面子。成大事者必须不怕丢脸面，放下架子，才能最终为自己挣回脸面。我们可以从林肯的身上发现，一个人生理缺陷越大，他的自卑感就越强，成就大业的"本钱"也就越多。林肯身上的自卑感，已经变成他成功的"重要筹码"，而自嘲正是他自我超越的有力手段。

在人生的旅途中，几乎每个人都会遇到一些让人尴尬的场面。这时如果能沉着应对，学会自嘲，就会变被动为主动，保持心理平衡。适当自嘲，不仅能化解尴尬，而且能避免可能发生的争吵。如果没有这份雅量，生活就会增添很多不愉快。"学会自嘲"是现代人平息心理烦躁的"良药"。

总而言之，一个懂得并掌握"自嘲"方法的人，就等于掌握了摆脱困境、制造愉快的能力和反嘲别人的武器。所以，在生活中，面对他人的指责、嘲讽和批评时，不妨让自己勇敢地面对——学会自嘲。

缺陷也是一种美

有的人常常把自己的注意力放在自己的缺陷和缺点上，自然而然地就觉得自己不够好，会很自卑。这种人总是觉得自己的生活不圆满，这也不如意，那也不舒心，于是导致自己心情抑郁，觉得生活乏味。

实际上，缺陷也是一种美，缺憾通常是我们进入另一种美丽的契机。不完美只是生活的一部分，拥有缺陷是人生另一种意义上的丰富与充实。任何人都有缺点，重要的是你如何看待它们。如果能将这些"缺点"转化为"优势"，并将这些"优势"好好发挥运用，就能得到更好的效果。其实，有些缺点也许恰恰在不经意间铸就了另一种人生。

有一位农夫，他有两个水桶，分别吊在扁担的两头，其中一个桶有裂缝，另一个则完好无损。在每趟长途的挑运之后，完好无损的桶，总是能将满满一桶水从溪边送到家中，但是有裂缝的桶到家时，却只剩下半桶水。多年以来，农夫就这样每天挑一桶半的水回家。当然，好桶为自己能够装满整桶水感到很自

豪，而破桶则对于自己的缺陷感到非常羞愧，它为自己只能装一半的水而难过。

饱尝了多年失败的苦楚后，破桶终于忍不住了，在小溪旁对农夫说："我很惭愧，必须向你道歉。"

"为什么呢？"农夫问道，"你为什么会觉得惭愧？"

破桶回答说："过去几年，因为我身上有裂缝，每次只能送半桶水到家。我的缺陷，使你做了全部的工作，却只得到一半的成果。"

农夫和蔼地说："在我们回家的路上，我要你注意看看路旁。"

走在回家的路上，破桶突然眼前一亮。它看到在温暖的阳光之下，路旁开满了缤纷的花朵。这美丽的景象使它开心了很多。

然而，回到家后，它又难过了，因为一半的水又在路上漏掉了。破桶再次向农夫道歉。

农夫温和地说："难道你没有注意到小路两旁，只有你的那一边有花，好桶的那一边却没有花吗？我一直都知道你有缺陷，但我善加利用，在你那边的路旁撒了花种。每次我从溪边回来，你就替我一路浇了花。多年来，这些美丽的花朵装饰了我的餐桌。如果你没有这个缺陷，我的桌上就没有这么好看的花朵了。"

这则小故事告诉我们，人生不需要太幸福、太圆满。当生命中有一个小小的缺口，也是很美的一件事，它让我们永远有追求幸福的动力。正视缺陷，它或许能将我们带入另一片风景。所以，我们可以选择走出不完美的心境，而不是在不完美里哀叹。假如我们一味地追求所谓的完美，就不可能轻轻松松地面对生活了。

　　一位终日消沉的艺术家说："如果我没有完美主义，那我只是一个平平庸庸的人。谁愿意空活百岁，碌碌无为呢？"这位艺术家把完美主义看成了自己为取得成功所必须付出的代价。他相信实现完美是他达到理想高度的唯一途径。但是实际情况呢？他对失败的恐惧使他做事如履薄冰，他的作品总是缺乏一种艺术的力度。

　　完美主义者最普遍的思维方式是"要么全有，要么全无"。研究表明，这种强迫性的完美主义既不利于人的心理健康，还会影响工作效率和人际关系，甚至会导致人的自尊心受到严重损害，以致自我挫败。

　　完美主义者以非逻辑、歪曲的思维方式看待生活。在人际交往中，他们常常会感到孤独。这是因为他们害怕自己的意见不被采纳，使自己的完美形象受到影响。他们总是为自己的言行辩解，对别人却品头论足，指指点点。这样的做法常常伤害别人，影响他们与朋友、同事之间的关系，使他们陷入孤独的境地。

　　从前，有一位渔夫从海里捞到一颗璀璨夺目的大珍珠。他非常高兴，爱不释手。但美中不足的是珍珠上面有一个小黑点。渔夫想，如果能够把小黑点去掉，珍珠将完美无瑕，变成无价之宝。于是渔夫磨掉珍珠的一层，但黑点仍旧存在；再磨一层，黑点还在；一层层地磨到最后，黑点终于没有了，但是珍珠也不复存在了。

从故事中我们看到，渔夫想得到的是完美，但在他消除了所谓的不足时，美也在他追求完美的过程中消失了。其实，有小黑点的珍珠只是白璧微瑕，而且这正是其不着痕迹、浑然天成的可贵之处。这种美，美得朴实，美得自然，美得真切。美并不等于完整无缺，就如同缺失双臂的维纳斯一样，正是那双断臂给人以无限的遐想，美也就在这样一种遗憾和遐想中达到了极致。

因此，要求自己时刻保持完美是一种残酷的自我主义。人生并没有真正的完美，完美只是在理想中存在，刻意去追求完美只会使人疲惫不堪。而正是因为有了残缺，我们才有希望，才有梦想。当我们为希望和梦想而付出努力时，我们就会发现缺陷自有它的美丽之处。

没有人比你更值得爱

我们常常被教导要爱别人，但是很多人都忽视了：爱别人的前提是爱自己。只有学会爱自己，你才能懂得爱别人。

有一天，有一个人向大师求教："我该如何学会爱我的邻人？"

大师说："不再恨自己。"

这个人回去反复思索大师的话，而后回来告诉大师："我发现我过分地爱护自己。因为我相当自私，且自我意识甚强。我该如何改掉这些缺点？"

大师说:"对自己友善一点。当自我感到舒畅时,你就能自由自在地爱你的邻人了。"

所以,首先爱自己吧!其实爱自己并不难,和爱一个人没有不同。如果你曾经真正投入地去爱一个人,你就会明白"爱"意味着什么。爱一个人时你在打开、包容,那时你并不计较他(她)有什么缺点,或者对你的态度。你只是完整地接受,完整地奉献。这就是为什么会说"爱到深处人孤独",因为这是全情地投入、忘我地奉献的必然结果。

爱自己,首先就意味着要对自己诚实,正视自我的存在,完全地信任自己。你要关注自己内心的感受,倾听内心深处的声音;爱自己还意味着要用新的眼光看待自己,使自己完全投入生活当中,而不是觉得自己还不够资格投身人生的赛场而徘徊不前;爱自己意味着允许自己成长并达到所能设想的最高境地,意味着你应该作为人类的一分子来敬畏你自己的人性本质和无限潜力。当然,爱自己不必向他人夸耀,你只需自然地发现自己是一部精致的杰作。

而自卑者之所以自卑,就是因为他们无法接受自己的缺陷或过分夸大自己的不足,从而导致对自己的厌恶和怀疑。其实无论是不接受自己的缺陷,还是过分夸大自己的不足,它们的本质是一样的。拒绝承认自己的不足是一种掩耳盗铃的做法,就像阿Q一样,是其骨子里的自卑感在作怪;而夸大自己的缺陷则往往是因为底气不足,提前为自己的失败找一个台阶,以逃避失败的责任。但形成习惯之后，人往往就会确信自己确实存在其想象中的不足了。

所以，要提高自己的自信心，首先就要学会爱自己、接纳自己。在这世界上没有人比你自己更值得爱。而爱自己就是既要接受自己的优点，又要接受自己的缺点。

试着站在一面镜子前，观察你的面孔和全身，在这个过程中要注意自己的感受。可能，你会更喜欢看到某些部位，而不喜欢另外的部位。

如果你是和绝大多数人一样，那么你会发现有些地方是不怎么耐看的，因为它会使你不安或不愉快。你可能会看到脸上有一些你所不想看到的痛苦表情；你可能看到了时光在你脸上留下的痕迹，且无法忍受随之而来的想法和情感。于是，你想逃避、否认、不接受自己的容貌。

或许你真的不欣赏镜子里看到的一些部位，但"接受"不一定是喜欢。它只是让你去直面现实，让你体验："哦，这就是我，我接受它！"

每天坚持做两次这样的练习，不久你就会发现：你的自尊心和自信心提高了，你与自己的距离更近了，而你对自身的不足也能以一种超越的心态去面对了。

　　自我接受看似简单，但实际上它是我们进步和发展的先决条件。因为只有这样，我们才会更全面地认识自己行为的性质，进而更自信地评价自己。

　　在接受自己的基础上，我们还要学会自我解嘲。当一个人能够以幽默的方式嘲笑自己的不足时，他就能够达到超然的心境。

　　正如心理学家波希霍汀所说："不要对自己太过严肃，对自己的一些愚蠢的念头，不妨'开怀一笑'，一定能让它们笑得不见踪影。"

　　其实，对于接受传统教育的中国人来说，爱自己还是一个不容易理解的问题，因为长久以来，大家一直有一种误解，认为这是自私的表现。

　　其实，爱自己与自私、自恋有本质的区别。自爱是一种自我珍惜的情感，意味着接纳自我的同时会去珍爱这个世界。自私是以个人利益为中心，不顾他人利益的一种选择。而自恋则是以自我为中心的极端的自我。

　　所以，请转变我们的观念吧。我们应该爱别人，但世界上没有人比你自己更值得爱。爱自己意味着信任自己，这体现了一种高度的自知和高度的自信。

车到山前必有路

世上有许多的事情是难以预料的。成功伴随着失败，失败伴随着成功。面对成功或荣誉，不要狂喜，也不要盛气凌人，把功名利禄看轻些，看淡些；面对挫折或失败，也不要忧伤，更不要自暴自弃，把厄运羞辱看远些，相信车到山前必有路，自己总会有新的机会。

苹果电脑的总裁斯蒂夫·乔布斯曾经流落街头，甚至被自己创立的公司开除。但他始终相信，车到山前必有路。下面是他在美国斯坦福大学为毕业生做的讲演中的一段话，对面对未知的情况不知该怎么办的人而言非常有启发。

"我的养父母都是工人阶级，他们倾其所有资助我的学业。在进入里德大学6个月之后，我发现自己完全不知道这样念下去究竟有什么用。当时，我的人生漫无目标，也不知道大学能给我带来什么帮助。为了念书，还花光了养父母毕生的积蓄，所以我决定退学。

"我相信车到山前必有路。当时我做这个决定的时候非常害怕，但现在回头去看，这是我这一生所做出的最正确的决定之一。从我退学那一刻起，我就再也不用去上那些我毫无兴趣的必修课了，我开始旁听那些看起来比较有意思的科目。

"这件事情做起来一点儿都不浪漫。因为没有自己的宿舍，我只能睡在朋友房间的地板上；可乐瓶的押金是5分钱，我把瓶子还回去用押金买吃的；在每个周日的晚上，我都会步行 11 千米穿越市区，到科瑞斯纳教堂吃一顿免费大餐。

"我跟随好奇心和直觉所做的事情，事后证明大多数都是极其珍贵的经验。我举一个例子：那个时候，里德大学提供了全美最好的书法教育。整个校园的每一张海报，每一个抽屉上的标签，都是漂亮的手写体。由于我已经退学，不用再去上那些常规的课程，于是我选择了一个书法班，想学学怎么写出一手漂亮的字。在这个班上，我学习了各种衬线和无衬线字体，如何调整不同字体组合之间的字间距，以及如何做出漂亮的版式。那是一种科学永远无法捕捉的充满美感、历史感和艺术感的微妙，我发现这太有意思了。

"而在当时，我压根儿没想到这些知识会在我的生命中有什么实际运用价值。但是 10 年之后，当我们设计第一款麦金塔（Macintosh）电脑的时候，这些知识全派上了用场。我把它们全部设计进了 Mac，那是第一台可以排出好看版式的电脑。如果当时我大学里没有旁听这门课程的话，Mac 就不会提供各种字体和等间距字体。现在，所有的个人电脑都有了这些东西。想想看，如果我没有退学，就不会去书法班旁听，而今天的个人电脑大概也就不会有出色的版式功能。当然我在念大学的那会儿，不可能有先见之明，把那些生命中的点点滴滴都串起来。但 10 年之后再回头看，生命的轨迹变得非常清晰。

"我再强调一次，车到山前必有路，你不可能充满预见地将

风吹哪页读哪页，哪页不懂撕哪页～～～

生命的点滴串联起来。只有在你回头看的时候，你才会发现这些点点滴滴之间的联系。所以，你要坚信，你现在所经历的事会在你未来的生命中串联起来。

"我在年轻的时候就知道了自己爱做什么，就这一点而言我是幸运的。在我 20 岁的时候，就和沃兹在我养父母的车库里创立了苹果电脑公司。我们勤奋工作，只用了 10 年的时间，苹果电脑公司就从车库里的两个小伙子扩展成拥有 4000 名员工，价值达到 20 亿美元的企业。而在此之前的 1 年，我们刚推出了我们最好的产品 Macintosh 电脑，当时我刚过而立之年。然后，我就被解雇了。

"一个人怎么可能被他所创立的公司解雇呢？是这样的，随着苹果电脑公司的成长，我请了一个原本以为很能干的人和我一起管理这家公司。在头一年，他干得还不错。但后来，我们对公司未来的发展方向产生了分歧，于是我们之间产生了矛盾。由于

公司的董事会站在他那一边，所以在我 30 岁的时候，就被解雇了。突然，我失去了一直贯穿在我整个成年生活的重心，可以说打击是毁灭性的。

"在头几个月，我真不知道要做些什么。我觉得我让企业界的前辈们失望了，我失去了传到我手上的指挥棒。我成了人人皆知的失败者，我甚至想过逃离硅谷。但曙光渐渐出现，我还是喜欢我做过的事情。在苹果电脑公司发生的一切事情丝毫没有改变我，一点儿都没有。虽然我被抛弃了，但我的热忱依旧。我决定重新开始。

"车到山前必有路。事实证明，我被苹果电脑公司解雇是我这一生所经历过的最棒的事情之一。成功的沉重被凤凰涅槃的轻盈所代替，每件事情都不再那么确定，我以自由之躯进入了我整个生命当中最有创意的时期。

"在接下来的 5 年里，我开创了一家叫作 NeXT 的公司，接着是一家叫作 Pixar 的公司，并且结识了我的妻子。Pixar 制作了世界上第一部全电脑动画电影《玩具总动员》，现在这家公司是世界上最成功的动画制作公司之一。后来苹果买下了 NeXT，于是我又回到了苹果，我们在 NeXT 研发出的技术是推动苹果复兴的核心动力。我也拥有了美满的家庭。

"我非常肯定，我如果没有被苹果电脑公司解雇，这一切都不可能发生在我身上。对于病人来说，良药总是苦口。生活有时候就像一块板砖拍向你的脑袋，但不要丧失信心。从事你认为具

风吹哪页读哪页，哪页不懂撕哪页～～～

有非凡意义的工作，才能给你带来真正的满足感。如果你到现在还没有找到这样一份工作，那么就继续找。如同任何伟大的浪漫关系一样，伟大的工作只会在岁月的酝酿中越陈越香。所以，在你终有所获之前，不要停下你寻觅的脚步。"

乔布斯这一番中肯的话告诉我们：在漫长的人生道路上，难免会有得意与失落的时候。十年河东十年河西，在困难到来的时候，千万别向后退缩。咬着牙挺过去，你会发现柳暗花明处，又有一条路。

即使卑微，也要活出灵魂的质量

当一个人走到大家面前时，昂首挺胸总是比低眉顺眼要好，自卑的人往往就会低眉顺眼。

其实，一个人若是连自己都看不起自己，别人又怎么会看得起他呢？在这个世界上，没有什么事情是不能办成的，没有什么结果是不能改变的，只要你对自己有信心，事情往往就成功了一半。在前进的道路上，有时差的就是自信的那一步，前进一步便是不一样的人生。

很多人都喜欢看美国职业篮球联赛（NBA）的夏洛特黄蜂队打球，而且特别喜欢看 1 号博格斯上场打球。据说博格斯是 NBA 有史以来最矮的球员之一。但这个矮个子球员可不简单，他是 NBA 表现最杰出、失误最少的后卫之一。他不仅控球一流、远投精准，甚至在长人阵中带球上篮也毫无所惧。

博格斯是不是天生的篮球好手呢？当然不是，这是他苦练的结果。博格斯从小就长得特别矮小，但非常热爱篮球，几乎天天都和同伴在篮球场上奔跑。当时他就梦想有一天可以去打 NBA。因为 NBA 的球员不只可以打篮球，还享有风光的社会评价，这是所有爱打篮球的美国少年最向往的地方之一。

而每次博格斯告诉他的同伴"我长大后要去打 NBA"时，所有的人都忍不住哈哈大笑，甚至有的人笑倒在地上。因为他们"认定"一个 160 厘米的人是绝无可能打 NBA 的。但他们的嘲笑并没有阻断博格斯的志向。他用比一般常人多几倍的时间练球，终于成为最佳控球后卫，也成为一名全能球员。他充分利用自己矮小的"优势"，灵活迅速地行动。

现在博格斯成为著名的球星了，他说："从前听说我要进 NBA 而笑倒在地的同伴，他们现在常炫耀地对人说：'我小时候是和黄蜂队的博格斯一起打球的。'"

博格斯的经历不仅安慰了天下身材矮小而酷爱篮球者的心灵，也鼓舞了自卑者内在的信心。自卑的人应该明白这样一个道理：每一个人都有他独特的价值。

生活中，我们往往用自己的主观见解来判定事物的价值，但事物哪有绝对的价值？博格斯没有自卑，所以创造了自己的奇迹。天生我材必有用，哪一个人不是有价值的人呢？

松下幸之助在给他的员工培训时曾说过这样的一段论述："不怕别人看不起，就怕自己没志气。人须自重，而后为他人所重。

在人之上，要视别人为人；在人之下，要视自己为人。应该让人在你的行为中看到你堂堂正正的人格。"这段话就是要求自卑的人先要看得起自己，只有这样别人才会看得起你。

有一天，一个8岁的男孩拿着一张筹款卡回家，很认真地对妈妈说："学校要筹款，每个学生都要找人捐款。"

于是，小男孩的妈妈取出5块钱，交给他，然后在筹款卡上签名。小男孩静静地看着妈妈签名，想说什么，却没开口。妈妈注意到了，问他："怎么啦？"

小男孩低下头说："昨天，同学们把筹款卡交给老师时，捐的都是100块、50块。"

小男孩就读的是当地著名的"贵族学校"，校门外，每天都有小轿车等候放学的学生。小男孩的班级是全年级最好的，班上的同学，不是家里捐款较多，就是成绩较好。当然，小男孩不属于前者。

妈妈把小男孩的头托起来说："不要低头，要知道，你同学的家庭背景非富即贵。我们必须量力而为，我们所捐的5块钱，其实比他们捐的500块钱还要多。你是学生，只要尽力用自己的学习成绩为校争光，就是对学校最好的贡献了。"

第二天，小男孩抬起头，从座位走出来，把筹款卡交给老师。当老师在班上宣读每位学生的筹款数额时，小男孩还是抬起头来。

因为妈妈说的那番话，深深地刻在小男孩心里。那是他生平第一次面对用金钱来估量一个人"成绩"的无言教育。非常幸运，就在这一次他学到了"捐"的意义，以及别人不能"捐"到的、自己独一无二的价值。自此以后，小男孩在达官贵人、富贾豪绅的面前，一直都抬起头做人。

所以，请抛掉你的自卑吧。不为自己的穷困自卑，不为自己的容貌自卑，不为自己的身材自卑。总之，不为自己一切不如别人的地方自卑。因为你就是你，一个独一无二的你！

风吹哪页读哪页，哪页不懂撕哪页～～～

唯有埋头才能出头

有一位年轻人叫科波菲尔，内心一直被对生活的不满和内心的不平衡折磨着，直到一个夏天与同学尼尔尼斯乘渔船出海时，才让他一下子领悟了许多。

尼尔尼斯的父亲是一个老渔民，在海上打鱼打了几十年。科波菲尔看着他那从容不迫的样子，心里十分敬佩。

科波菲尔问他："您每天要打多少鱼？"

他说："孩子，打多少鱼并不是最重要的，关键是只要不是空手回去就可以了。尼尔尼斯上学的时候，为了缴清学费，不得不想着多打一点儿鱼。现在他毕业了，我也没有什么奢望了。"

科波菲尔若有所思地看着远处的海，突然想听听老人对海的看法。科波菲尔说："海是够伟大的了，滋养了那么多的生灵。"

老人问："那么你知道为什么海那么伟大吗？"

科波菲尔不敢贸然回答。

老人接着说："海能装那么多水，关键是因为它的位置最低。"

古罗马大哲学家西琉斯曾经说过："想要达到最高处，必须从最低处开始。"正是因为老人把自己的位置放得很低，所以能够从容不迫，能够知足常乐。而许多年轻人有时并不能正确摆正自己的位置，总是一开始就把自己的位置摆得很高，殊不知唯有埋头从小事做起，将来才会有成功的机会。如果开始时能把自己的位置放得低一些，今后就会有无穷的动力和潜力。

我们往往非常钦佩那些从小做到大的创业者们，他们的创业过程让人听得有滋有味、羡慕不已。他们受益和成功的进程也最明显。究其原因，主要是他们开始时就把自己的位置放得很低，想着失败了自己大不了还是一个一无所有的失业人员，没有包袱，没有顾虑，更重要的是他们乐于从小事做起，埋头苦干，不计较一时的得失，眼光总是很长远，所以他们最终成功了。

　　其实，一个人如果能一心一意地做事，世上就没有做不好的事。这里所讲的事，有大事，也有小事，其实大事与小事，只是相对而言。很多时候，小事并不一定真的小，大事并不一定真的大，关键看做事者的认知能力。

　　东汉时期，陈蕃年少气盛并颇为自负："大丈夫当扫除天下，安事一屋？"而薛勤则与之相对："一屋不扫，何以扫天下？"提出了一个立志与实践的观点。

　　古语云："不积跬步，无以至千里；不积小流，无以成江海。"因为小是大的基础，大是小的积累，无小则不能成其大，不能做小事的人也终不能成就大事。生活中，对于那些不起眼的小事，谁都知道应该怎样做。有的人则不屑一顾，一心只想着干大事，但有的人却做了，并乐此不疲。最后，从小事做起的人一步步走向成功，而小事不做、一心想一鸣惊人的人只能在更小的事上操劳，最终一事无成。

　　不因事小而不为，要想成就一番大事业，就必须埋头、弯腰，从小事做起，否则你将永远会为弥补小事的不足而忙碌在更

风吹哪页读哪页，哪页不懂撕哪页～～～

小的事情上。卡耐基曾说过："如果一个人对小事不屑一顾，即使做了也不情愿，每天只想着做大事，是不能委以重任的，因为十有八九他不能把事情做好。每天只想着做大事，而不想做小事的人，肯定也没有那个能力和毅力去做大事。"可见，成功的秘诀很简单，就是把工作中的小事做好了，以小积大，最终获得成功。

真正伟大的人物从来不轻视日常生活中的各种小事情，即使常人认为很卑贱的事情，他们都满腔热情地对待。许多事实都在启迪我们：切勿因为事小而轻易放过；切勿因事小而不为，重大的成功、重大的突破或许就蕴藏在这点点滴滴的小事中。居里夫人对待科学研究的每一个细节，从不轻易放过；牛顿对小小的一个苹果落地都要问其究竟……所以，古语云："子虽贤，不教不明；事虽小，不做不成。"小事不想做，不去做，又何谈成大事，实现自己的梦想？

中国有句流传千古的话："千里之行，始于足下。"要成功就必须从点滴小事做起，善于做小事，喜欢做小事。我们只有从小事做起，在小事中锻炼自己，才能为今后做真正的大事铺平道路。所以，无论手头上的事是多么不起眼，多么烦琐，只要你认认真真、仔仔细细埋头去做，就一定会有成功的一日。

永不绝望才有希望

一个人不可能总是一帆风顺的，在时运不济时永不绝望的人就有希望。诸葛孔明六出祁山，是什么在支撑着他？是财富，是官爵吗？都不是，是精神，是一种"永不绝望"的精神。每一个人都有自己人生的最高理想。然而，却只有极少数的人可以成功地步入自己的理想领域。由此说来，多数人缺少的正是这种永不绝望的精神。重大的挫折压倒的，只是人的躯壳，而它万万压不倒的是人们"永不绝望"的精神！

在生死攸关的情况下，这种永不绝望的精神更是显得珍贵，甚至它就是我们性命之所系。

那是在 1966 年的夏天。一天，德国南部的一个煤矿发生塌坑事故，有 16 名矿工被埋在坑道里。矿工家属们拥挤在矿坑口喊叫着："我丈夫怎么样啊？""我父亲还活着吧？快点儿救呀！"这些母亲、妻子、儿女、兄弟姐妹，他们都诚恳地祈求：救救我们家那个干活的人吧！他们哭喊着，对正在进行的救助工作抱以全部希望。

这时，联络线传来消息："16 个人中有 15 个人平安无事。"接着，又念出了 15 个人的名字。这 15 个人的家属们大大松了一口气。

可是，在幸存者的名单中却没有念到一名叫布列希特的青年矿工的名字。他才刚结婚两天，他那年轻的妻子叫着："我丈夫布列希特不行了吗？"她的嘴唇颤抖，强忍悲痛。

"不，还不能这么说，我们呼喊过他的名字，但没得到回答。所以，还不确定他在什么地方，在情况还没最后弄清前请不要灰心，我们一定会把他救出来。"救助队的负责人望着这位刚刚结婚的年轻妻子，怜悯之情油然而生。

"我相信布列希特一定活着，请无论如何也要把他救出来！"这位年轻的妻子两只盈满泪水的大眼睛里透出一种强烈的愿望，充满了对救助队负责人的哀求之意。

她始终坚定地相信丈夫还活着，把全部思念之情倾注在坑道里的丈夫身上。她对着地下坑道喊叫着："你要振作精神活下去呀，为了你和我，你不能死。他们一定会救出你的。"而这位布列希特，在矿坑塌陷的一刹那间，仓皇逃跑弄错了方向，和其他人失散了，所以独自一人被困在坑道间隙的一小块场地里。加上被隔离的地方与地面联络线路相距很远，所以，他就像深锁在孤独的密室里一样，与外界完全断绝了联系。他在 600 米的地下，强忍着饥饿和阴暗环境的侵袭，费尽心力，让他那生命之灯继续点燃下去。

事故发生后，已经过了整整 13 小时。突然，在他耳边出现了他妻子的声音，虽然声音很小，但还能依稀可辨。"你要振作精神活下去呀，为了你和我，你不能死！他们一定会救出你的。"啊，这是多么清晰而亲切的声音，爱人在呼唤着自己！我不能死，要活下去！布列希特在黑暗的矿坑里，一直用妻子的鼓励支撑着他那即将耗尽的气力。

妻子在坑外心急如焚。她不断地向地下的丈夫呼叫，声音都已经嘶哑，对周围人们投来的不可思议的目光毫不理睬。她坚定地相信，自己的声音一定能传给坑道内的丈夫。

抢救工作格外困难，由于抢救不及时，原来幸存的 15 个人被抬出坑口的时候，已经全部遇难。他们的家属悲痛欲绝，号啕大哭。只剩下布列希特 1 个人了。到第六天，奇迹出现了：他被救出来时仍然活着。

"我能在黑暗的矿坑里活到现在，全靠妻子的鼓励。没有她的持续不断的喊声恐怕我早已绝望而死了。"布列希特以充满对心爱妻子的感激之情向人们诉说着。

这就是希望的神奇力量，它能支撑人的生命。若不是布列希特和他妻子两人都未绝望，恐怕事情就是另一个结局了。

无独有偶，在那年的英吉利海峡也发生过一件类似的事。

1966 年 10 月，一个漆黑的夜晚，英吉利海峡发生了一起船只相撞事件。一艘名叫"小猎犬号"的小汽船跟一艘比它大十多倍的船相撞后沉没了，104 名搭乘者中有 11 名乘务员和 14 名旅客下落不明。

艾利森国际保险公司的督察官弗朗西斯从下沉的船身中被抛了出来，他在黑色的波浪中挣扎着。他觉得自己已经气息奄奄了，但救生船还没来。渐渐地，附近的呼救声、哭喊声低了下来，似乎所有的生命都被浪头吞没，死一般的沉寂在周围扩散开去。弗朗西斯觉得他生存的希望正在渐渐消失，他就快要绝望了。就在这令人毛骨悚然的寂静中，出人意料地传来了一阵优美的歌声。那是一个女人的声音，歌曲丝毫没有走调，而且也不带一点儿哆嗦。那歌唱者简直像面对着客厅里众多的来宾在进行表演一样。

弗朗西斯静下心来倾听着，一会儿就听得入了神，大声乐家的独唱也从没有这般优美。寒冷、疲劳刹那间不知飞向了何处，弗朗西斯的心境完全恢复了。他循着歌声，朝那个方向奋力游去。靠近一看，那儿浮着一根很大的圆木头，可能是汽船下沉的时候漂出来的。几个女人正抱住它，唱歌的人就在其中，她是一个很年轻的姑娘。大浪劈头盖脸地打下来，她却仍然镇定自若地唱着。在等待救生船到来的过程中，为了不让其他妇女丧失力气，为了使她们不因寒冷和失神而放开那根圆木头，她用自己的歌声给她们增添着精神和力量。就像弗朗西斯借助姑娘的歌声游

143

靠过去一样，一艘小艇也以那优美的歌声为导航，终于穿过黑暗驶了过来。于是，弗朗西斯、那个唱歌的姑娘和其余的妇女都被救了上来。

所以，在面对绝境的时候，你可以选择垂头丧气地哭泣或哀号，绝望地将自己交与命运之手；你也可以选择把恐惧扔在一边，像那姑娘一样唱支动听的歌，鼓舞自己，给自己点燃希望。

因为我不要平凡，所以比别人难更多

人生不如意事十之八九，即使是一个十分幸运的人，在他的一生中也总有一个或几个时期处于十分艰难的情况下，总是一帆风顺的时候几乎没有。看一个人是否成功，我们不能看他成功的时候或开心的时候怎么过，而要看他在不顺利的时候，在没有鲜花和掌声的落寞日子里怎么过。有句话是这么说的："在前进的道路上，如果我们因为一时的困难就将梦想搁浅，那只能收获失败的种子，我们将永远不能品尝到成功这杯美酒芬芳的味道。"

在中国商界，史玉柱代表着一种分水岭。

他曾经是 20 世纪 90 年代最炙手可热的商界风云人物之一，但也因为自己的张狂而血本无归。下了很大的决心后，史玉柱决定和自己的三个下属爬一次珠穆朗玛峰，那个他一直想去的地方。

"当时雇一个导游要 800 元，为了省钱，我们四个人什么也不知道就那么往前冲了。"1997 年 8 月，史玉柱一行四人就从珠

风吹哪页读哪页，哪页不懂撕哪页

峰 5300 米的地方往上爬。要下山的时候，四人身上的氧气都用完了。走一会儿就得歇一会儿。后来，又无法在冰川里找到下山的路。

"那时候觉得天就要黑了，在零下二三十摄氏度的冰川里，如果等到明天天亮肯定要被冻死。"

许多年后，史玉柱把这次的珠峰之行定义为自己的"寻路之旅"。33 岁那年进入《福布斯》评选的中国大陆富豪榜前十名，2 年之后，就负债 2.5 亿，成为"中国首负"，自诩是"著名的失败者"。珠峰之行结束之后，他沉静、反思，仿佛变了一个人。

不管在高耸入云的珠穆朗玛峰上史玉柱有没有找到自己的路，一番内心的跌宕在所难免。不然，他不会从最初的中国富豪榜第八名沦落到"首负"之后，又发展到如今的百亿身价，其中的艰辛常人必定难以体会。正因为如此，有人用"沉浮"二字去形容他的过往，而史玉柱从失败到重新崛起的经历，也值得我们长久地铭记。

20 世纪 90 年代，史玉柱是中国商界的风云人物。他通过销售巨人汉卡迅速赚取超过亿元的资本，凭此赢得了巨人集团所在地珠海市第二届科技进步特殊贡献奖。那时的史玉柱事业达到了顶峰，自信心极度膨胀，似乎没有什么事做不成。也就是在获得诸多荣誉的那年，史玉柱决定做点儿"刺激"的事：要在珠海建一座巨人大厦，为城市争光。

大厦最开始规划的是 18 层，但之后，大厦层数节节攀升，一直飚到 72 层。那时的史玉柱就像打了鸡血一样，明知大厦的预算超过 10 亿，手里的资金只有 2 亿，还是不停地追加投资。最终，巨人大厦的轰然倒地让不可一世的史玉柱尝尽了苦头。他曾经在最后的关头四处奔走寻找资金，但"所有的谈判都失败了"。

随之而来的是全国媒体的一哄而上，成千上万篇文章指责他，他欠下的债也是一个极其庞大的数字。史玉柱最难熬的日子是 1998 年上半年，那时，他连一张飞机票都买不起。"有一天，为了去无锡办事，我只能找副总借钱。他个人借了我一张飞机票的钱，1000 元。"到了无锡后，他住的是 30 元一晚的招待所。女招待员认出了他，没有讽刺他，反而给了他一盆水果。那段日子，史玉柱一贫如洗。如果有人给那时的史玉柱拍摄一些照片，那上面的脸孔必定是极度张狂到失败后的落寞，焦急、忧虑是史玉柱那时最真实的写照。

经历了这次失败，史玉柱开始反思。他觉得性格中一些癫狂的成分是他失败的原因。他想找一个地方静静，于是就有了后来 1 年多的南京隐居生活。

在中山陵前面的一块地方，有一片树林，史玉柱经常带着一本书和一个面包到那里充电。那段时间，他读了许多书，在史玉柱看来，这些书都比较"悲壮"。那时，他每天 10 点多起床，然后下楼开车往林子那边走，路上会买好面包和饮料。下属在外边做市场，他只用手机操作。晚上天快黑了就回去，在大排档随便吃一点儿，一天就这样过去了。

风吹哪页读哪页，哪页不懂撕哪页

后来有人说，史玉柱之所以能"死而复生"，就是得益于那时候的"卧薪尝胆"，他是那种骨子里希望重新站起来的人。事业可以失败，精神上却不能倒下。经过一段时间的修身养性，他逐渐找到了自己失败的原因：之前的事业过于顺利，所以忽视了许多潜在的隐患。不成熟、盲目自大、野心膨胀，这些，就是他性格中的不稳定因素。

他决定从头再来。此时，史玉柱身体里"坚强"的秉性体现出来。他在那次珠峰以及多次"省心"之旅后踏上了负重的第二次创业，这次事业的起点是保健品脑白金。

因为之前的巨人大厦事件，全国上下已经没有几个人看好史玉柱，他的再次创业只是被更多的人看作是又一次疯狂。但脑白金一经推出，就迅速风靡全国。到2000年，月销售额达到1亿元，利润达到4500万。自此，巨人集团奇迹般地复活了。尽管史玉柱还是遭到全国上下诸多非议，但有一个不争的事实，史玉柱曾经的辉煌确实慢慢回来了。

赚到钱后，他没想为自己谋多少私利，他做的第一件事就是还钱。这一举动，再次使其成为众人的焦点。因为几乎没有人能够想到史玉柱会有翻身的一天，更没有人想到这个曾经输得一贫如洗的人能够还钱，但他确实做到了。

认识史玉柱的人，总说这些年他变化太大。怎么能没有变化呢？一个经历了大起大落的人，内心难免会有些波澜。而对于史玉柱，变化最多的，大概是心态和性格。几番沉浮，很少有人再看到他像早些年那样疯狂、亢奋、浮躁，更多的是沉稳、坚忍和执着。即使是十分危急的关头，他也是一副胸有成竹、不慌不忙的样子。

回想自己早年的失败，史玉柱曾特意指出，巨人大厦"死"掉的那一刻，他的内心极其平静。而现在，身家百亿的他也同样把平静作为自己的常态。

只是，这已是两种不同的境界。前者的平静大概象征一潭死水，后者则是波涛过后的风平浪静。起起伏伏，沉沉落落，有些人生就是在这样的过程中变得强大和不可战胜。良好的性情和心态是事业成功的关键，少了它们，事业的发展就可能徒增许多波折。

人生难免有低谷的时候，在这样的时刻，我们需要的就是忍受寂寞，卧薪尝胆。就像当年越王勾践那样，3 年的时间里，他饱受屈辱，被放回越国之后，他选择了在寂寞中品尝苦胆，铭记耻辱，奋发图强，最终得以雪耻。

不要羡慕别人的辉煌，也不要眼红别人的成功，只要你能忍受寂寞，满怀信心地去开创，默默付出，相信生活一定会给你丰厚的回报。

风吹哪页读哪页，哪页不懂撕哪页～～～

第 7 章

你首先要快乐，
其次就是其次

一生必爱一个人——你自己

每个人都不可能完美无缺，只有从内心接受自己，喜欢自己，并坦然地展示真实的自己，才能拥有快乐的人生。想要做幸福的人，你首先要成为自己思想、行为的主人。换言之，你只有做自己，做完完全全的自己，你的幸福才会降临！这就是幸福的秘密。

我们都要知道，在这个世界上，你会是自己最好的朋友，也可能成为自己最大的敌人。在悲喜两极之间的抉择中，你的心灵唯有根植于积极的乐土，你的自信才能在不偏不倚的自爱中获得对人对己的宽容，达到明辨是非的准确。学会从内心善待自己，你会觉得阳光、鲜花、美景总是离你很近。你平和的心境是滋养自己的优良沃土。

爱自己首先要按自己喜欢的方式生活。因为我们要想生活得幸福，必须懂得秉持自我，按自我的方式生活。

如果你一味地遵循别人的价值观，想取悦别人，最后你会发现"众口难调"。每个人的喜好都不一样，失去自我，便是自己人生痛苦的根源。

风吹哪页读哪页，哪页不懂撕哪页

辛迪·克劳馥，就是一个典型的例子。她能及时意识到自己的个性弱点，主动调整自己的性格，展示出自己的独特魅力，从而将命运牢牢掌握在自己手中。

辛迪·克劳馥18岁就迈进了大学的校门。大学里的辛迪，是一朵盛开在校园的鲜艳花朵，走到哪里，哪里就发出一阵惊呼。那个时候，她身材修长、亭亭玉立，再加上漂亮的脸蛋，匀称修长的腿，实在是美极了。

当时，人们对她赞不绝口。的确，她的整体线条已经是那么的流畅，浑然天成；她的鼻子是那么的挺拔，配上深邃的目光、性感的嘴唇，一切就像是天造地设似的。难怪在同学当中她是那么地引人注目。

在此期间，有一个摄影师发现了她，拍了她一些不同侧面的照片之后，她的照片被刊登在《住校女生群芳录》中，她的照片、她的名字，第一次出现在刊物上。

很快，她被推荐去了一家模特经纪公司。但是一开始，她就碰了壁。这家公司竟说她的形象还不够美。她感到非常伤心，而更令她伤心的是，她的经纪人认为她嘴边的那颗痣必须去掉，如果不去掉，她就会前途渺茫，但她执意不肯去掉。

成名之后，她回忆起这件事的时候说："小时候，我一点儿都不喜欢那颗黑痣，我的姐妹们都嘲笑它，而别的孩子总说我把巧克力留在嘴角了。那颗痣让我觉得自己和别人不一样。后来，我开始做模特，第一家经纪公司要我去掉那颗痣。但母亲对我说，你可以去掉它，但那样会留下瘢痕。我听了母亲的话，把它留在了脸上。现在，它反而成了我的标志。只有嘴角有这颗痣，我才是辛迪·克劳馥。其他人跑来对我说，她们过去讨厌自己脸上的小黑痣，但现在她们却认为那是美丽的。从这个意义上来说，这是一件好事，因为人们开始乐于接受自己的一切，尽管他们过去并不一定喜欢。"

辛迪·克劳馥的经历告诉我们，你才是你自己的中心。一个人无须刻意追求他人的认可，但只要你保持自我本色，按自己的方式去生活，生活中便没有什么可以压倒你，你可以活得很快乐、很轻松。人应该爱自己的全部，那样你才会感受到自身的魅力。一旦你看上去既美丽又自信，周围的人就会对你刮目相看了。正如美国歌坛天后麦当娜所说："我的个性很强，充满野心，而且很清楚自己想要什么。就算大家因此觉得我是一个不好惹的女人，我也不在乎。"而事实上，并没有人因此而讨厌她。相反，人们更加着迷于她的优美歌声和独特个性。

不必完美，可以完善

每个人都有自己的缺点和不足，如果一味地抓住自己的缺点和不足不放，就只能生活在自卑里。王璇就是这样的人，原本她是一个活泼开朗的女孩，竟然被自卑折磨得一塌糊涂。

王璇毕业于某著名语言大学，在一家大型的日本企业上班。大学期间的王璇是一个十分自信、从容的女孩。她的学习成绩在班级里名列前茅，是男孩们追逐的焦点。

然而，最近王璇的大学同学惊讶地发现，王璇变了，原先活泼可爱的她像换了一个人似的。她不但变得羞羞答答，甚至其行为也变得畏首畏尾，而且说起话来、干起事来都显得特别不自信，和大学时判若两人。每天上班前，她会为了穿衣打扮花上整整2小时的时间。

为此她不惜早起，少睡2小时。她之所以这么做，是怕自己打扮不好，遭到同事或上司的取笑。在工作中，她更是战战兢兢、小心翼翼，甚至到了谨小慎微的地步。

原来到公司上班后，王璇发现同事的服饰显得十分昂贵，她觉得自己土气十足，上不了台面。于是她对自己的服装及饰物产生了深深的厌恶。第二天，她就跑到商场购物。可是，由于还没有发工资，她买不起那些名牌服装，只能悻悻地回来了。

在公司的第一个月，王璇是低着头度过的。她不敢抬头看别人穿的名牌服饰，因为一看，她就会觉得自己穷酸。那些早于她进入这家公司的同事大多穿着一流的品牌服饰，而她自己呢，竟然还是一副穷学生样。每当这样比较时，她便感到无地自容，她觉得自己就是混入天鹅群里的丑小鸭，心里充满了自卑感。

服饰问题还是小事，令王璇更觉得抬不起头来的是她的同事们平时用的香水都是进口品牌。她们所到之处，处处清香飘溢，而王璇自己用的却是廉价的香水。同事与同事聊起来都是有关衣服、化妆品、首饰等。而关于这些，王璇几乎说不上话。这样，她在同事中间就显得十分孤单，缺少人缘。

在工作中，王璇也觉得很不如意。由于刚踏入职场，工作内容不熟悉，所以效率不是很高，不能及时完成上司交给她的任

务，有时难免受到批评，这让王璇更加拘束和不安，甚至开始怀疑自己的能力。

此外，王璇刚进公司的时候，还要负责做清洁工作。看着同[……]的样子，她就觉得自己与清洁工无异，这更加深了[……]

[……]样的自卑者，总是一味地轻视自己，总感到自己这[……]不行，什么也比不上别人，一旦这种情绪占据心[……]己对什么都提不起精神，忧郁、烦恼、焦虑便纷至[……]

[……]物、每一个人都有其优势，都有其存在的价值。劣[……]的，只要用心去改正和调整就好，没必要总是抓着[……]问自己的心情，又阻碍未来的发展。

[……]意别人的眼光，那样会抹杀你的光彩

[……]上，没有任何一个人可以让所有人都满意。总是[……]改变的人，会逐渐失去自己的光彩。

[……]习学习艺术体操，她身段匀称灵活。可是很不幸，[……]致她下肢严重受伤，一条腿留下后遗症，走路有一点儿跛。为此，她十分沮丧，甚至不敢走上街去。为了逃避，西莉亚搬到了约克郡乡下。

一天，小镇上的雷诺兹老师领着一个女孩来向西莉亚学跳苏格兰舞。在他们诚恳的请求下，西莉亚勉为其难地答应了。为

了不让他们察觉自己的腿有问题，西莉亚特意提早坐在一把藤椅上。可那个女孩偏偏天生笨拙，连起码的乐感和节奏感都没有。当那个女孩再一次跳错时，西莉亚不由自主地站起来给对方示范。西莉亚一转身，便敏感地看见那个女孩正盯着自己的腿看，并露出一副惊讶的神情。她忽然意识到，自己一直刻意掩盖的残疾在刚才的瞬间已暴露无遗。这时，一种自卑感让她无端地恼怒起来，对那个女孩说了一些难听的话。西莉亚的行为伤害了女孩的自尊心，女孩难过地跑开了。

事后，西莉亚深感歉疚。过了 2 天，西莉亚亲自来到学校，和雷诺兹老师一起等候那个女孩。西莉亚对那个女孩说："如果把你训练成一名专业舞者恐怕不容易，但我保证，你一定会成为一个不错的领舞。"这一次，他们就在学校操场上跳，有不少学生好奇地围观。那个女孩笨手笨脚的舞姿不时招来同学的嘲笑，她满脸通红，不断犯错，每跳一步，都如芒刺背。

西莉亚看在眼里，深深理解那种无奈的自卑感。她走过去，轻声对那个女孩说："假如一个舞者只盯着自己的脚，就无法享受跳舞的快乐，而且别人也会跟着注意你的脚，发现你的错误。现在你抬起头，面带微笑地跳完这支舞曲，别管步伐是不是错的。"

说完，西莉亚和那个女孩面对面站好，朝雷诺兹老师示意了一下。悠扬的手风琴音乐响起，她们踏着拍子，欢快起舞。虽然那个女孩的步伐还有些错误，而且动作不是很和谐。但意外的效果出现了——那些旁观的学生被她们脸上的微笑所感染，不再关注舞蹈细节上的错误。后来，有越来越多的学生情不自禁地加入舞蹈中。大家尽情地跳啊跳啊，直到太阳下山。

生活在别人的眼光里，往往会找不到自己的路。其实，每个人的眼光都有不同。面对不同的几何图形，有人看出了圆的光滑无棱，有人看出了三角形的稳定坚固，有人看出了半圆的方圆兼济，有人看出了不对称图形特有的美……同是一个甜甜圈，悲观者看见一个空洞，乐观者却品尝到它的味道。同是交战赤壁，苏轼高歌"雄姿英发，羽扇纶巾，谈笑间樯橹灰飞烟灭"；杜牧却低吟"东风不与周郎便，铜雀春深锁二乔"。同是"谁解其中味"的《红楼梦》，有人听到了封建制度的丧钟，有人看见了宝黛的深情，有人悟到了曹雪芹的用心良苦，也有人只津津乐道于故事本身……

人生就像一个多棱镜，总是以它变幻莫测的每一面映照生活中的每一个人。不必介意别人的流言蜚语，也不必担心自我思维的偏差，坚信自己的眼睛、坚信自己的判断、执着自我的感悟，用敏锐的眼光去审视这个世界，用心去聆听、感受这个多彩的人生，给自己一个富有个性的回答。

每个人都有自己的路

脸庞因为笑容而美丽，生命因为希望而精彩。倘若说笑容是对他人的布施，那么希望则是对自己的仁慈。

圣严法师幼时家贫，甚至穷到连饭也吃不饱。但是几十年风风雨雨，他始终对生活充满希望。人生来平等，但所处的环境未必相同。所以，不管自己处于怎样的起点，我们都应该一如既往地对生活报以热情的微笑。

圣严法师教诲："大雨天，你说雨总会停的；大风天，你说风总是会转向的；天黑了，你说明天依然会天亮的！这就是心中有希望，有希望就有未来。"

圣严法师小时候，有一次与父亲在河边散步，河面上有一群鸭子，游来游去，自由畅快。他站在岸边，非常羡慕地看着这群与自己水中倒影嬉戏的鸭子。

父亲停下脚步，问道："你从中看到了什么？"

面对父亲的询问，他心中一动，却也不知道如何表达自己的想法。

父亲说："大鸭子游出大路，小鸭子游出小路，就像它们一样，每个人都有自己的路可以走。"

每个人都有自己的路，即使起点不同、出身不同、家境不同、遭遇不同，也可以抵达同样的顶峰。不过这个过程可能会有所差异，有的人走得轻松，有的人一路崎岖。但不论如何，艳阳高照也好，风雨兼程也罢，只要怀揣着抵达终点的希望，每个人都可以获得属于自己的精彩。

在一个偏僻遥远的山谷里的断崖上，不知何时，长出了一株小小的百合。它刚诞生的时候，长得和野草一模一样，但是，

风吹哪页读哪页，哪页不懂撕哪页

它心里知道自己并不是一株野草。它的内心深处，有一个纯洁的念头："我是一株百合，不是一株野草。唯一能证明我是百合的方法，就是开出美丽的花朵。"它努力地吸收水分和阳光，深深地扎根，直直地挺着胸膛，对附近的杂草置之不理。

在野草和蜂蝶的鄙夷下，百合努力地释放内心的能量。百合说："我要开花，是因为知道自己有美丽的花；我要开花，是为了完成作为一株花的使命；我要开花，是由于自己喜欢以花来证明自己的存在。不管你们怎样看我，我都要开花！"

终于，它开花了。它那灵性的白和秀挺的姿态，成为断崖上最美丽的风景。年年春天，百合努力地开花、结籽，最后，这里被称为"百合谷地"。因为这里到处都是洁白的百合。

暂时的落后一点儿都不可怕，自卑的心理才是最可怕的。人生的不如意、挫折、失败对人是一种考验，是一种学习，是一种财富。我们要牢记"勤能补拙"，既能正确认识自己的不足，又能放下包袱，以最大的决心和最顽强的毅力克服这些不足，弥补这些缺陷。

人的缺陷不是不能改变，而是看你愿不愿意改变。只要下定决心，找到合适的方法，就可以弥补自己的不足。在不断前进的人生中，那些看得见未来的人，都能掌握现在，因为明天的方向他已经规划好了，知道自己的人生将走向何方。留住心中的希望种子，相信自己会有一个无可限量的未来。心存希望，任何艰难都不会成为我们的阻碍。只要怀抱希望，生命自然会充满激情与活力。

自己的人生无须浪费在别人的标准中

童话里的红舞鞋，漂亮、鲜艳而充满诱惑，一旦穿上，便再也脱不下来。我们疯狂地转动舞步，一刻也停不下来，尽管内心充满疲惫和厌倦，脸上却还得挂出幸福的微笑。

当我们终于在众人的喝彩声中以一个优美的姿态为人生画上句号时，才发觉这一路的风光和掌声，带来的竟然只有说不出的空虚和疲惫。

人生来时双手空空，却双拳紧握；而等到人死去时，却要让其双手摊开，不让其带走财富和名声……明白了这个道理，人就会对许多东西看淡。幸福的生活完全取决于自己内心的简约而不在于你拥有多少外在的财富。

18世纪法国有一个哲学家叫戴维斯。有一天，朋友送他一件质地精良、做工考究、图案高雅的酒红色睡袍，戴维斯非常喜欢。可当他穿着华贵的睡袍在书房踱来踱去时，越踱越觉得家具不是破旧不堪，就是风格不对，地毯的针脚也粗得吓人。慢慢地，旧物件挨个儿更新，书房终于跟上了睡袍的档次。戴维斯穿着睡袍坐在豪华的书房里，可他却觉得很不舒服，因为自己居然被一件睡袍控制了。

戴维斯被一件睡袍控制了，生活中的大多数人则是被过多的物质和外在的成功控制着。很多情况下，我们受内心深处支配欲和征服欲的驱使，自尊和虚荣不断膨胀，像着了魔一般去同别人攀比，谁买了一双名牌皮鞋，谁添置了一套高档音响，这些都会触动我们敏感的神经。一番折腾下来，钱花了不少，也终于博得别人羡慕的眼光，但除了在公众场合拥有光彩夺目的光鲜和热闹以外，我们过得其实并没有别人想象得那么好。

一定意义上来说，人都是爱慕虚荣的，不管自己究竟幸福不幸福，常常为了让别人觉得自己很幸福就很满足。人往往忽视了自己内心真正想要的是什么，而是常常被外在的事情所左右。别人的生活实际上与你无关，不论别人幸福与否都与你无关，而你将自己的幸福建立在与别人比较的基础之上，或者建立在别人的眼光中。幸福不是别人说出来的，而是自己感受的。人活着不是为别人，更多地是为自己而活。

《左邻右舍》中提到这样一个故事：说是男主人公的老婆看到邻居小马家卖了旧房子又在闹市区买了新房，就眼红了，也非

要在闹市区买房子，并且一定要和小马住同一栋楼，而且一定要选比小马家房子大的那套。当邻居问起的时候，她会很自豪地说："不大，一百多平方米，只比 304 室小马家大那么一点儿！"这让小马老婆非常尴尬。过了几天，小马的老婆开始逼小马和她一起减肥，说是减肥之后，他们家的房子实际面积一定不会比男主人公家的小。男主人公又开始担心自己的老婆知道后会不会让他也一起减肥！

　　这个故事看起来虽然很好笑，但确实常在我们的生活中发生。人将自己的生活沉浸在了一个不断与他人比较的困境中，被自己生活之外的东西所左右，岂不是很可悲？

风吹哪页读哪页，哪页不懂撕哪页

一个人活在别人的标准和眼光之中是一种痛苦，更是一种悲哀。人生本就短暂，真正属于自己的快乐更是不多，为什么不能为了自己而完完全全、真真实实地活一次？为什么不能让自己脱离总是建立在别人基础上的参照系？如果我们把追求外在的成功或者"过得比别人好"作为人生的终极目标，那么就会陷入物质欲望为我们设下的圈套而不能自拔。

你不可能让每个人都满意

世界一样，但人的眼光各有不同，做人不必花大量的心思去让每个人都满意，因为这个要求基本上是不可能达到的。如果一味地追求让别人满意，不仅自己累心，而且还会在生活和工作中失去自我！

生活中我们常常因为别人的不满意而烦恼不已，我们小心翼翼地生活，唯恐别人不满意，但即便是这样还会有人不满意，所以我们为此又开始伤神。很多时候，我们工作或者生活其实花不了太多的时间，只是我们将大量的时间都花在了处理如何达到别人满意的这些事情上，所以身体累，心也累。

有这样一个故事：

一个农夫和他的儿子，赶着一头驴到邻村的市场去卖。没走多远就看见一群姑娘在路边谈笑。一个姑娘大声说："嘿，快瞧，你们见过这种傻瓜吗？有驴不骑，宁愿自己走路。"农夫听到这话，立刻让儿子骑上驴，自己高兴地在后面跟着走。

不久，他们遇见一群老人正在激烈地争执："喏，你们看见了吗，如今的老人真是可怜。看那个懒惰的孩子自己骑着驴，却让年老的父亲在地上走。"农夫听见这话，连忙叫儿子下来，自己骑上去。

没过多久又遇上一群妇女和孩子，几个妇女七嘴八舌地喊着："嘿，你这个狠心的老家伙！怎么能自己骑着驴，让可怜的孩子跟着走呢？"农夫立刻叫儿子上来，和他一同骑在驴的背上。

快到市场时，一个城里人大叫道："哟，瞧这驴多惨啊，竟然驮着两个人，它是你们自己的驴吗？"另一个人插嘴说："哦，谁能想到你们这么骑驴，依我看，不如你们两个驮着它走吧。"农夫和儿子急忙跳下来，他们用绳子捆上驴的腿，找了一根棍子把驴抬了起来。

他们卖力地想把驴抬过闹市入口的小桥时，又引起了桥头上一群人的哄笑。驴子受了惊吓，挣脱了捆绑撒腿就跑，却失足落入河中。农夫和他的儿子只好既恼怒又羞愧地空手而归了。

农夫和他的儿子的行为十分可笑。不过，这种任由别人支配自己行为的事并非只在故事里出现。现实生活中，很多人在处理类似事情时就像故事里的农夫和他的儿子，人家叫他们怎么做，他们就怎么做，谁抗议，就听谁的。结果只会让大家都有意见，且都不满意。

谁都希望自己在这个社会中如鱼得水，但我们不可能让每一个人都满意，不可能让每一个人都对我们展露笑容。通常的情况是，你以为自己照顾到了每一个人的感受，可还是有人对你不满，甚至根本不领情。每个人的利益是不一致的，每个人的立场，每个人的主观感受是不同的，所以我们想面面俱到，不得罪任何人，同时又想讨好每一个人，那是绝对不可能的！

做人无须在意太多，不必去让每个人满意。凡事只要尽心，按照事情本来的样子去做就好，简简单单地过好自己的生活就行。否则就会像故事中的农夫和他的儿子一样，费尽周折，结果还搞得谁都不满意。

不做别人意见的牺牲品

许多时候，我们太在意别人的感觉，因而在一片迷茫之中迷失自己。

随意地活着，你不一定很平凡，但刻意地活着，你一定会很痛苦。其实人活着的目的只有一个，那就是不辜负自己。

别人的眼光和议论，你不必太在意，我们又何必太在意那些不属于我们生命的一些东西呢？我们需要牢牢把握的只有生命本身。如果我们一直活在别人的目光下，那么属于我们自己的生命还有多少呢？

有一位名人曾经说过："生命短促，没有时间可以浪费。一切随心自由才是应该努力去追寻的。别人如何议论和看待我，便是那么无足轻重了。"

真正能够沉淀下来的，总是有分量的；浮在水面上的，只会是轻小的东西。让我们在属于我们自己的人生道路上昂首挺胸地一步步走过，只要认为自己做得对，做得问心无愧，那就不必在意别人的看法，不必去理会别人如何议论自己，把信心留给自己，做生活的强者，永远向着自己追求的目标，坚定地走自己的路就对了！

莫尼卡·狄更斯二十几岁时已是有作品出版的作家，可是举止仍然笨拙，常感自卑。她有点儿胖，不过并不显肥，但这足以使她觉得衣服穿在别人身上总是更好看。她在赴宴会之前要打扮好几小时，可是一走进宴会厅就会感觉自己一团糟，总觉得人人都在对她评头论足，在心里耻笑她。

有一天晚上，莫尼卡忐忑不安地去赴一个不太熟悉的人的宴会，恰巧在门外碰见另一位年轻女士。

"你也是要进去的吗？"

"大概是吧，"那位年轻女士扮了个鬼脸，"我一直在附近徘徊，想鼓起勇气进去，可是我又很害怕。我总是这样子的。"

"为什么？"莫尼卡在灯光照映的门阶上看看她，觉得她很好看，比自己好看得多。"我也害怕得很。"莫尼卡坦言，她们都笑了，于是不再那么紧张。她们走向前面人声嘈杂、情况不可预知的地方。莫尼卡的保护心理油然而生。

"你没事吧？"她悄悄问道。这是她生平第一次心不在自己身上而在另一个人身上。这对她自己也有帮助，她们开始和别人谈话，莫尼卡开始觉得自己是这群人的一员，不再是一个局外人。

风吹哪页读哪页，哪页不懂撕哪页～～～～

穿上大衣回家时，莫尼卡和那位年轻女士谈起各自的感受。

"你觉得怎么样？"年轻女士问。

"我觉得比先前好。"莫尼卡说。

"我也觉得如此，因为我们并不孤独。"年轻女士说。

莫尼卡想：这句话说得真对！我以前觉得孤独，认为世界上的其他人都自信十足，可是如今遇到了一个和我同样自卑的人。迄今为止，我让不安全感吞噬了，根本不会去想别的，但现在我得到了另一个启示：会不会有很多人看起来意兴高昂，谈笑风生，但实际上心中也忐忑不安呢？

莫尼卡供稿的那家本地报馆，有一位编辑总有些粗鲁无礼，问他问题，他只简单答复，莫尼卡觉得他的目光永不会和自己的接触。她总觉得他不喜欢自己。现在，莫尼卡怀疑会不会是他怕自己不喜欢他？

第二天去报馆时，莫尼卡深吸一口气，对那位编辑说："你好，安德森先生，见到你真高兴！"

莫尼卡微笑抬头。以前，她习惯一边把稿子丢在他桌上，一边低声说道："我想你不会喜欢它。"这一次莫尼卡改口道："我真希望你喜欢这篇稿，大家都写得不好的时候，你的工作一定非常吃力。"

"的确吃力。"那位编辑叹了口气。莫尼卡没有像往常那样匆匆离去，而是坐了下来。他们互相打量。莫尼卡发现他不是一个咄咄逼人的编辑，而是一个头发半秃、其貌不扬、头大肩窄的男

168

人，办公桌上摆着他妻儿的照片。莫尼卡问起他们，那位编辑露出了微笑，严峻而带点儿悲伤的嘴变得柔和起来。莫尼卡感到他们两人都觉得自在了。

后来，莫尼卡的写作生涯因战争而中断。她接受了护士训练，再次因感觉到医院里的人个个称职，唯自己不然；她觉得自己手脚笨拙，学得慢，穿上制服后仍全无是处，引来许多病人抱怨。"她怎么会到这儿来的？"莫尼卡猜他们一定会这样想。

工作繁忙加上疲劳，使莫尼卡不再胡思乱想，也不再继续发胖。她开始感觉到与大家打成一片的喜悦。她是团队的一分子，大家需要她。她看到别人忍受痛苦，遭遇不幸，觉得他们的生命比自己的还重要。

"你做得不错。"护士长有一天对莫尼卡说。莫尼卡暗喜：她原来在夸赞我！他们认为我一切没问题。莫尼卡忽然惊觉几个星期以来根本没有时间为自己是否称职而发愁担忧。

不要过分关心别人的想法。你过分关心"别人的想法"时，你太小心翼翼地想取悦别人时，你对别人假想的不欢迎过分敏感时，你就会有过度的否定反馈、压抑以及不良的表现。最重要的是，其实你对别人的看法不必太在意。

不要总是关注别人，以别人的方向为方向，这样很难超越别人。要想有成就，你就得自己开路。而你所开的路是你自己的理想与见解，这些是你所独有的。老子认为："夫唯不争，故天下莫能与之争。"

追随你的热情，追随你的心灵，唱出自己的声音，世界因你而精彩。

发牌的是上天，出牌的是自己

人生的轨迹不是别人的标尺可以度量的，自己才是自己的主人，所以不能跟随别人的脚步，要大胆地往前走，开辟属于自己的道路。

有一个出身名校的大学生，毕业时被分配到一个让人眼红的政府机关，从事一份惬意的工作。

但是好景不长，他开始陷入苦闷。原来他的工作虽轻松，但与所学专业毫无关系。

他想辞职外出闯天下，却又留恋眼下这一份舒适的工作。外面的世界虽然很精彩，但是风险也很大。无奈之下，他就将自己的困惑告诉了他最敬重的一位长者。长者一笑，给他讲了一个故事：

一个农民在山里打柴时，捡到一只样子怪怪的鸟。那只怪鸟和出生刚满月的小鸡一样大小，还不会飞。于是一农民就把这只怪鸟带回家给小女儿玩耍。

调皮的小女儿玩够了，便将怪鸟放在小鸡群里充当小鸡，让母鸡养育。

怪鸟长大后，人们发现它竟是一只鹰，他们担心鹰再长大一些会吃鸡。然而，那只鹰和鸡相处得很和睦，只是当鹰出于本能飞上天空再向地面俯冲时，鸡群会产生恐慌。渐渐地，人们越来越不满，如果哪家丢了鸡，便会首先怀疑那只鹰——要知道鹰终归是鹰，生来就是要吃鸡的。大家一致强烈要求：要么杀了那只鹰，要么将它放生，让它永远也别回来。因为和鹰有了感情，这一家人决定将鹰放生。

谁知，他们把鹰带到很远的地方放生，过不了几天那只鹰又飞回来了，他们驱赶它不让它进家门，甚至将它打得遍体鳞伤都无法让它离开。

后来村里的一位老人说："把鹰交给我吧，我会让它永远不再回来。"老人将鹰带到附近一个最陡峭的悬崖旁，将鹰狠狠向悬崖下的深涧扔去。那只鹰开始如石头般向下坠去，然而快要到涧底时，它终于展开双翅托住了身体，开始缓缓滑翔，最后轻轻拍了拍翅膀，就飞向蔚蓝的天空。它越飞越自由舒展，越飞越高，越飞越远，渐渐变成了一个小黑点，飞出了人们的视野，再也没有回来。

听了长者的故事，年轻人似有所悟。几天后，他辞去了公职外出打拼，终有所成。

每一个人都有他自己的人生，顾虑太多，反而会失去更多。当你把外部的所有可能影响你的东西切断以后，你就会发现，只有自己才能主宰命运的沉浮。

人生的风风雨雨，只能自己去体会、去感受，任何人都不能为你提供永远的庇护。你应该自己掌握前进的方向，把握目标，让目标像灯塔般在远处闪光；你应该独立思考，有自己的主见，懂得自己解决问题。是雄鹰，总会有展翅的一天。所以，不要总是把别人看成救世主，要始终坚信，在人生的牌局上，只有自己才是自己的主宰者。

走自己的路，让别人说去吧

哲人们常把人生比作路，是路，就注定有崎岖不平。1929 年，美国芝加哥发生了一件震惊全美教育界的大事。

几年前，一个年轻人半工半读地从耶鲁大学毕业。他曾做过作家、伐木工人、家庭教师和卖成衣的售货员。现在，只过了 8 年，他就被任命为全美国第四大名校——芝加哥大学的校长，他就是罗勃·郝金斯。他只有 30 岁，真叫人难以置信。

人们对他的批评就像山崩落石一样重重地打在这位"神童"的头上，说他这样，说他那样——太年轻了，经验不够——说他的教育观念很不成熟，甚至各大报纸也参加了攻击。

在罗勃·郝金斯就任的那一天，有一个朋友对郝金斯的父亲说："今天早上，我看见报上的社论攻击你的儿子，真把我吓

风吹哪页读哪页，哪页不懂撕哪页

坏了。"

"不错，"郝金斯的父亲回答说，"话说得很凶。可是请记住，从来没有人会踢一只死狗。"

可见，没有谁的路永远是一马平川的。被他人所左右而失去自己方向的人，将无法抵达属于自己的幸福所在。真正成功的人生，不在于成就的大小，而在于努力地去实现自我，喊出属于自己的声音，走出属于自己的道路。

一名中文系的学生苦心撰写了一篇小说，请作家指导。因为作家正患眼疾，学生便将作品读给作家听。读到最后一个字时，学生停顿下来。作家问道："结束了吗？"听语气似乎意犹未尽，渴望下文。这一追问，煽起学生的激情，立刻灵感喷发，马上接续道："没有啊，下部分更精彩。"他以自己都难以置信的构思叙述下去。

到达一个段落后，作家又似乎难以割舍地问："结束了吗？"

小说一定摄魂勾魄，叫人欲罢不能！学生更兴奋，更激昂，更富有创作激情了。他不可遏制地一而再再而三地接续、接续……最后，电话铃声突然响起，打断了学生的思绪。

电话找作家有急事。作家匆匆准备出门。"那么，没读完的小说呢？""其实你的小说早该收笔，在我第一次询问你是否结束的时候，就应该结束。何必画蛇添足、狗尾续貂？该停则止，看来，你还没把握情节脉络，尤其是缺少决断。决断是当作家的根本，否则绵延逶迤，拖泥带水，如何打动读者？"

学生追悔莫及，自认性格过于容易受外界左右，难以把握作品，恐怕不是当作家的料。

很久以后，这名年轻人遇到另一位作家，羞愧地谈及往事，谁知作家惊呼："你的反应如此迅捷、思维如此敏锐、编造故事的能力如此强大，这些正是成为作家的天赋呀！假如正确运用，作品一定会脱颖而出。"正所谓"横看成岭侧成峰，远近高低各不同"。

凡事都没有统一定论，谁的"意见"都可以参考，但永远不可代替自己的"主见"，不要被他人的论断束缚了自己前进的步伐。要追随你的热情、你的心灵，它将带你实现梦想。

遇事没有主见的人，就像墙头草，东风东倒，西风西倒，没有自己的原则和立场，不知道自己能干什么，会干什么，自然与成功无缘。

所以，走自己的路，让别人去说吧。

接纳自己是对自己的一种尊重

每个人都应乐于接受自己，既接受自己的优点，也接受自己的缺点。但事实是，绝大部分人对自己都持有双重的看法，他们给自己画了两张截然不同的画像，一张是表现其优秀品质的，没有任何阴影；另一张全是缺点，画面阴暗沉重，令人窒息。

我们不能将这两幅画像隔离开来，片面地看待自己，而是需要将其放到一起综合考察，最后合二为一。我们在踌躇满志时，往往忽视自己内心的愧疚、仇恨和羞辱；在垂头丧气时，又不敢相信自己拥有的优点和取得的成绩。我们应该画出自己的新画像，我们应该实事求是地接受自己、了解自己，我们所做的一切都不是十全十美的。很多人常常过分严格地要求自己，凡事都希望做得完美，这是不现实的想法。我们每个人都是综合体，在我们身上都有批评家和勇士的某些性格特征。有时候我们渴望支配他人、算计别人，快意于别人的痛苦，但我们有足够的能力使这些恶劣品性服从于我们人格中善良的一面。

纽约的一名精神病医生遇到过这样一个病人，他酒精中毒，已经治疗了 2 年。有一次，这个病人来看医生，要求进行心理治疗。病人告诉医生说，前几天他被解雇了。当心理治疗完毕后，病人说："大夫，如果这件事发生在 1 年前，我是承受不住的。我想自己本来可以做得更好，避免这类事情的发生，但却未能做到，为此我会去酗酒。说实话，昨天晚上我还这么想呢。但现在我明白了，事情既然已经发生了，就该正视它，坦然地接受它。失败就像成功一样，是人生中难得的经历，是我们人生中不可避免的一部分。"

如果我们都能像这位病人一样，坦然接受生活的全部，那么我们就能够正确地看待各种不良的心境。沮丧、躁狂、执拗，这些都只是暂时的现象，是人的多种情感。有些人要求自己完美无缺，有这种想法的人往往极其脆弱，他们常常会因为对自己过分苛刻而感到绝望。每个人的性格中都有导致失败的因素，也有导致成功的因素。我们应有自知之明，把这两个方面都看作是人性的固有成分，接受它们，进而努力发挥人性中的优点。

有些人因为自己有时候具有消极的破坏性情感，就认为自己是邪恶的，于是一蹶不振，自暴自弃，这很让人惋惜。我们应该明白，有一些性格缺点并不能说明我们就是不受欢迎的人。

恩莫德·巴尔克曾说过，以少数几个不受欢迎的人为例来看待一个种族，这种以偏概全的做法是极其危险的。我们对自己、对别人具有攻击性，怀有仇恨，这些情感是人性的一部分。我们不必因此就厌恶自己，觉得自己就像社会的弃儿一般。意识到这一点，我们就能在精神上获得解脱和自由。

第 8 章

岁月漫漫你别慌，
我们迎风写诗章

只有输得起的人，才不怕失败

每个人都希望无论何时都能站在适合自己的位置上，说着该说的话，做着该做的事。但不经过挫折磨炼的人是不可能达到这种境界的，人总要从自己的经历中汲取经验。所以，做人要输得起。

输不起，是人生最大的失败。

人生犹如战场。我们都知道，战场上的胜利不在于一城一池的得失，而在于谁是最后的胜利者。人生也是如此，成功的人不应只着眼于一两次成败，而是应该不断地朝着成功的目标迈进。

最要紧的是不应该气馁，应该从中吸取教训，用美国股票大亨贺希哈的话讲："不要问我能赢多少，而是问我能输得起多少。"只有输得起的人，才能不怕失败。

当然，我们不一定非要真正经历一次重大的失败。只要我们做好了面对失败的准备，"体验失败"一样能够带来刻骨铭心的教训。而那失败的起点比那些从来没有过失败经历的人要高得多，并且失败越惨痛，起点就越高。

只有经历过惨痛的失败的人，才能获得更好的更为成功的新生。

贺希哈 17 岁的时候开始自己创业。他第一次赚大钱，也是第一次得到教训。那时候，他一共只有 255 美元。在股票的场外市场做一名投资客，不到 1 年，他便发了第一次财：16 万 8 千美元。他为自己买了第一套像样的衣服，并在长岛买了一幢房子。

随着第一次世界大战的结束，贺希哈随着和平而来的大减价，固执地买下隆雷卡瓦那钢铁公司。他说："他们把我剥光了，只留下 4000 美元给我。"贺希哈最喜欢说这种话，"我犯了很多错。一个人如果说不会犯错，他就是在说谎。但是，我如果不犯错，也就没有办法学乖。"这一次，他吸取了教训，贺希哈说："除非你了解内情，否则绝对不要买大减价的东西。"

之后，他放弃证券的场外交易，去做未列入证券交易所买卖的股票生意。起先，他和别人合资经营，1 年之后，他创立了自己的贺希哈证券公司。到了 1928 年，贺希哈作为股票投资客的经纪人，每个月可赚到 20 万美元的利润。

但是，比他这种赚钱的本事更值得称道的，就是他能够悬崖勒马，遇到不对劲的情况，能够回顾从前的教训。在 1929 年的春天，正当他想用 50 万美元在美国纽约的证券交易所买股票，不知道什么原因把他从悬崖边缘拉回来。贺希哈回忆这件事情时说："当你发现医生和牙医都停止看病而去做股票投机生意的时候，你就知道一切都完了。我能看得出来。大户买进公共事业的股票，又把它们抬高。我害怕了，于是我在 8 月全部抛出。"他脱手以后，净得 40 万美元。

　　1936 年是贺希哈最冒险，也是最赚钱的一年。加拿大安大略北部，早在人们淘金发财的那个年代，就成立了一家普莱史顿金矿开采公司。这家公司在一次火灾中焚毁了全部设备，造成了资金短缺，股票跌到不到 5 分钱。有一个叫陶格拉斯的地质学家，知道贺希哈是一个思维敏捷的人，就把这件事告诉了他。贺希哈听了以后，拿出 25000 美元做试采。不到几个月，就开采到了黄金，仅离原来的矿坑不到 8 米。

　　普莱史顿股票开始往上爬的时候，海湾街上的大户认为这种股票一定会跌下来，所以纷纷抛出。贺希哈却不断买进，等到他买进普莱史顿大部分股票的时候，这种股票的价格已超过了 2 马克。

　　这座金矿，每年毛利达 250 万美元。贺希哈在他的股票继续上升的时候，把普莱史顿的股票大量卖出，自己留了 50 万股，这 50 万股等于他白捡来的。

　　但这位手摸到东西便会变成黄金的人，也有他的烦恼。1945 年，贺希哈在菲律宾的金矿赔了 300 万美元，这也使他尝到了另一个教训："你到别的国家去闯事业，一定要把一切情况先弄

风吹哪页读哪页，哪页不懂撕哪页

清楚。"

20 世纪 40 年代后期，他对铀产生了兴趣，结果证明这比他从前做的任何一种事业更吸引他。他研究加拿大寒武纪时期以前的岩石情况，铀裂变痕迹，也懂得测量放射作用的盖氏计算器。1949 年至 1954 年，他在加拿大巴斯卡湖地区，买下了 1217 平方千米蕴藏铀的土地，成立了第一家私人资金开采铀矿的公司。不久，他聘请朱宾作为他的矿务技术顾问负责管理公司。

这是一个许多人探测过的地区。勘探矿藏的人和地质学家都到这块充满猎物的土地上开采过。大家都注意着盖氏计算器的结果，他们认为只有很少的铀。

朱宾对于这种理论是同意的。但是，他注意到了一些看来是无关紧要的"细节"。有一天，他把一块旧的艾戈码矿苗加以试验，看看有没有铀元素。结果，发现稀少得几乎没有。这样，他知道自己已经找到了原因。原来就是，土地表面的雨水、雪和硫矿把这盆地中放射出来的东西不是掩盖住就是冲洗殆尽了。而且，盖氏计算器也曾测量出，这块地底下确

实藏有大量的铀。他向十几家矿业公司游说，建议他们做一次钻探。但是，大家都认为这是徒劳的。于是，朱宾就去找贺希哈。

1953年3月6日开始钻探。贺希哈投资了3万美元。结果，在5月的一个星期六的早晨，得到报告说，56块矿样品里，有50块含有铀。

一个人怎样才会成功，这是很难判断的。但是，在贺希哈身上，我们可以分析出一点因素，那就是他自己定的一个简单公式：输得起才赢得起，输得起才是真英雄！

用你的笑容改变世界，不要让世界改变了你的笑容

如果一个人在46岁的时候，在一次意外事故中被烧得不成人形，4年后的一次坠机事故又使得其腰中部以下全部瘫痪，他会怎么办？接下来，你能想象他变成百万富翁、受人爱戴的公共演说家、春风得意的新郎官及成功的企业家吗？你能想象他会去泛舟、玩跳伞，甚至在政坛争得一席之地吗？

这一切，米歇尔全做到了，并且做得很出色。在经历了两次可怕的意外事故后，米歇尔的脸因植皮而变成一块彩色板，手指没有了，双腿细小，无法行动，他只能瘫痪在轮椅上。第一次意外事故把他身上六成以上的皮肤都烧坏了，为此他动了多次手术。

手术后，他无法拿起叉子，无法拨电话，也无法一个人上厕所，但曾是海军陆战队队员的米歇尔从不认为自己被打败了。他

风吹哪页读哪页，哪页不懂撕哪页

说："我完全可以掌控自己的人生之船，那是我的浮沉，我可以选择把目前的状况看成倒退或是一个新起点。"6个月之后，他又能开飞机了！

米歇尔为自己在科罗拉多州买了一幢维多利亚式的房子，另外也买了房地产、一架飞机及一家酒吧。后来他和两个朋友合资开了一家公司，专门生产以废弃碎木材为燃料的炉子。这家公司后来变成美国佛蒙特州第二大私人公司。第一次意外发生后4年，米歇尔所开的飞机在起飞时又摔回跑道，把他胸部的12块脊椎骨压得粉碎。他永远瘫痪了。

米歇尔仍不屈不挠，努力使自己达到最大限度的自主。后来，他被选为美国科罗拉多州孤峰顶镇的镇长，致力于保护小镇的环境，使之不因矿产的开采而遭受破坏。米歇尔后来还竞选国会议员，他用一句"不只是另一张脸"作为口号，将自己难看的脸转化成一项有利的资产。后来，行动不便的米歇尔开始泛舟。他坠入爱河并完成终身大事。他还拿到了公共行政硕士，并持续他的飞行活动、环保运动及公共演说。米歇尔坦然面对自己失意的态度使他赢得了人们的尊敬。

米歇尔说："我瘫痪之前可以做1万件事，现在我只能做9000件事。我可以把注意力放在我无法再做的1000件事上，或是把目光放在我还能做的9000件事上。我想告诉大家，我的人生曾遭受过两次重大的挫折，而我不能把挫折当成放弃努力的借口。或许你们可以用一个新的角度看待那些一直让你们裹足不前的经历。你们可以退一步，想开一点儿，然后，你们就有机会说：'或许那也没什么大不了的！'"

月有阴晴圆缺，人生也是如此。情场失意、朋友失和、亲人反目、工作不得志……类似的事情总会不经意间纠缠你，令你的情绪跌至低谷。其实，生活中的低谷就像是行走在马路上遇到红灯一样，你不妨以一种平和的心态坦然面对，不妨利用这段时间休息、放松一下，为绿灯时能更好地行走打下基础。

怀有成为珍珠的信念

在日本有一个学业优秀的青年，去一家大公司应聘，结果没被录用。这位青年得知这一消息后，深感绝望。不久传来消息，他的考试成绩名列榜首，是统计考分时电脑出了差错，他被公司录用了。但很快又传来消息，说他又被公司解聘了，理由是一个人连如此小的打击都承受不起，又怎么能在今后的岗位上建功立业呢？

在我们的周围，有很多人之所以没有成功，并不是因为他们缺少智慧，而是因为他们面对困难的事情缺乏做下去的勇气。他们自认为已陷入绝境，只知道悲观失望。

而有的人却恰恰相反，他们面对失败从不气馁，而是以百折不挠的精神向目标不断前进。

有一位穷困潦倒的年轻人，身上全部的钱加起来都不够买一件像样的西服。但他仍坚持着自己心中的梦想，他想做演员，成

风吹哪页读哪页，哪页不懂撕哪页

为电影明星。好莱坞当时共有500家电影公司，他根据自己仔细规划的路线与排列好的名单顺序，带着为自己量身定做的剧本前去一一拜访。但第一轮拜访下来，500家电影公司没有一家愿意聘用他。

面对无情的拒绝，他没有灰心。从最后一家被拒绝的电影公司出来之后不久，他又从第一家开始了他的第二轮拜访与自我推荐。第二轮拜访也以失败而告终。第三轮的拜访结果与第二轮相同。但这位年轻人没有放弃，不久后又咬牙开始了他的第四轮拜访。当他拜访到第 350 家电影公司时，老板竟破天荒地答应让他留下剧本先看一看，他欣喜若狂。几天后，他获得通知，请他前去详细商谈。

就在这次商谈中，这家公司决定投资开拍这部电影，并请他担任自己所写剧本中的男主角。不久这部电影问世了，名叫《洛奇》。这位年轻人的名字就叫史泰龙，后来他成了红遍全世界的巨星。

其实，人们陷入绝望的境地往往是因为对今后的路没有信心，或者是对曾经得到而又失去的东西感到痛心，所以有人会因此而感到绝望。

人常说，"绝境逢生"，很多时候，有些事情看起来是没有回旋的余地了，但只要不放弃，很可能就会出现转机。

常言道："留得青山在，不怕没柴烧。"任何时候，只要人还在就有希望，遇到任何处境都不至于绝望，流过血，流过泪，付出过汗水，痛哭过后，擦干眼泪，一切都可以重新开始。

所以，不论遇到什么事情，不论事情在现在看来是如何的糟糕，千万不要以为没有了办法，也不要因为一次失败就认为自己无能。每一个人几乎都是不断失败，再不断爬起来才获得成功的。或者每当觉得开始绝望的时候，鼓励自己再试一次，再试一次很可能让自己跨越了苦难的沼泽地，给自己一个机会，生活的机会才会留给自己。

风吹哪页读哪页，哪页不懂撕哪页

把苦难当作人生的光荣

人生的光荣，不仅仅在于舞台上的光鲜与亮丽，也不仅仅在于领奖台上的欢呼与喝彩，它更在于在舞台和领奖台下所经历的苦难和付出的汗水！

"宝剑锋从磨砺出，梅花香自苦寒来。"我们都知道，艰苦的环境会磨炼人的意志，促使人不断进取；安逸舒适的环境容易消磨人的意志，最后导致人一事无成。

人的一生会有无数次机遇，也会面临无数次挑战。如果没有良好的心态，没有坚韧不拔的斗志，你将难以冲破黎明前的黑暗，只能同成功失之交臂。如果把苦难当作人生的光荣，接受命运的挑战就是我们磨炼自己、施展抱负、实现梦想的最佳方法。

向命运低头，那是懦夫；向命运挑战，那才是强者。在生命的长河里，只有迎着风浪搏斗，才能迸出最美的浪花。请记住，命运掌握在自己的手中，你可以让自己虚度一生，也可以让自己忙碌一生，你可以承认失败，但不可以向命运低头。

有一个渔夫，经常在一泓深潭上边不远的河段里捕鱼。那是一个水流湍急的河段，雪白的浪花翻卷着，一道道的波浪此起彼伏。

一群经常钓鱼的年轻人感到非常奇怪。年轻人同时又觉得他很可笑，在浪大又那么湍急的河段里，连鱼都不能游稳，又怎么会捕到鱼呢？

　　有一天，有一个好奇的年轻人终于忍不住了，他放下钓竿去问渔夫："鱼能在这么湍急的地方留住吗？"渔夫说："当然不能了。"年轻人又问："那你怎么能捕到鱼呢？"渔夫笑笑，什么也没说，只是提起他的鱼篓在岸边一倒，顿时倒出一团银光。那一尾尾鱼不仅肥，而且大，一条条在地上翻跳着。年轻人一看就愣住了，这么肥这么大的鱼是他们在深潭里从来没有钓上来的。他们在潭里钓上的，多是些很小的鲫鱼和鲦鱼，而渔夫竟在河水这么湍急的地方捕到这么大的鱼，年轻人愣住了。

　　渔夫笑笑说："潭里风平浪静，所以那些经不起大风大浪的小鱼就自由自在地游荡在潭里。对它们来说，潭水里那些微薄的氧气就足够它们呼吸了。而这些大鱼就不行了，它们需要更多的氧气，没办法，所以它们就只有拼命游到有浪花的地方。浪越大，水里的氧气就越多，大鱼也就越多。"

　　渔夫又语重心长地说："许多人都以为风大浪大的地方是不适合鱼生存的，所以他们捕鱼就都选择风平浪静的深潭。但他们恰恰想错了，一条没风没浪的小河是不会有大鱼的，而大风大浪恰恰是鱼长大长肥的重要条件。大风大浪看似是鱼儿们的苦难，实际是这些苦难使鱼儿们茁壮成长。"

　　同这些鱼的经历一样，每一个成功者的背后，都有无数次的失败，都有难以回首的辛酸和血泪。但是，这些东西换回来的是最后的成功。而那些优柔寡断、意志薄弱者，却总是在抱怨和无奈中心态失衡地活着，在所谓的宿命中寻找自己的安慰。

人的一生起起落落，有许多偶然，但更有其必然。命运虽然总爱捉弄那些意志薄弱的人，但幸运之神却常常青睐那些勇于进取、意志坚定的强者。意志坚强，做事从不服输者，虽然经常会饱受挫折，但最终却能领略成功的喜悦。

在我们身边也有一些普通的人，他们虽然默默无闻，但用自己的汗水与辛酸的泪水谱写着精彩的一生。

一个女孩叫胡春香，她生下来就无手无脚，手脚的末端只是圆秃秃的肉球。8 岁时，有了思想的她就想到了死，但她无法找到死的方法。她用头撞墙，但因为没有四肢支撑，在碰得几个血疱、摔得一脸模糊后还是活着；她绝食，又遭到母亲的斥责："8年，我千辛万苦拉扯你 8 年了。"看着母亲辛酸的眼泪，她决定要像正常人一样活下去。

她开始训练自己拿筷子。她先用一只手臂放在桌边，再用另一只手臂从桌面上将筷子滑过去，然后，两个肉球合在一起。她从用一根筷子开始，再到用两根筷子，日复一日，血痕复血痕。9 岁那年，她终于吃到了自己用筷子夹起的第一口饭。

学会了拿筷子后，她又开始学走路。她将腿直立于地面，努力保持身体的平衡，和地面接触的部位从伤痕到血疱，从血泡到厚茧，摔倒爬起，爬起摔倒，血水夹汗水，汗水夹泪水。10 岁那年，她学会了走路。

也就在这年，她有了想读书的念头。在父母及老师的帮助下，她成为村上小学的一名编外生。于是，她用胶布缠在腿上，不论寒暑和风雨，都是早早到校。她用手臂的末端夹笔写字，付出比常人多数十倍的努力，从小学到初中，再到自学获得财务大专学历。

1988 年，云南的一家工厂破格录用她为会计。后来，她为了回报父母的养育之恩回到了父母身边。回家后，她卖起了水果。再后来，她不仅成了远近闻名的孝女，而且还认识了一个高大健康的丈夫，有了一对活泼可爱的儿女，一家人温馨、甜蜜、其乐融融。

我们钦佩那些家境贫寒但自强不息的人，更钦佩那些身体残缺，却能通过自己的不懈努力取得成就的人。我们从他们身上看到了他们向命运挑战的坚强意志。人的一生难免会遇到很多的苦难，无论是与生俱来的残缺，还是惨遭生活的不幸，但只要敢于面对苦难，自强不息，就一定会赢得掌声，取得成功，获得幸福！

没有一种冰，不被自信的阳光融化

为自己喝彩，不要在意别人的目光。要记住：自己是自我生命中最重要的欣赏者。

每个人来到世上，都希望演绎出辉煌的成就和个性的自我，希望自己的风度、学识、动人歌喉或翩翩身影能得到别人的认可和掌声，但并不是每个人都能神采飞扬地处于灯光闪烁的舞台上。作为平凡的个体，大多数人只能在舞台后呢喃自己的独白，没有人关注，没有人在意，没有人给予簇拥的鲜花和热烈的掌声与喝彩。

面对此景，有些人往往感叹自己的平庸，妒羡别人的优秀。其实，鲜花诚然美丽，掌声固然醉人，但这些只能肯定某些人的成就，无法否定多数人的价值。只要真真正正地生活，活出一个真真实实的自我。即使所有的人都把目光投向别处，只要还拥有最后一个观众，你就可以为自己喝彩。

人有责任成为你自己——真正的自己——而不是别的任何人。为自己喝彩，首先就要认清自己，看重自己。

一个男人昏迷了，正在弥留之际，忽然感到有一个声音问他说："你是谁？"

他回答："我是市长。"

"我没问你是什么官，我问你是谁。"

……

"我是一位百万富翁。"

"我并没有问你有多少钱，而是问你是谁。"

"我是我4个孩子的爸爸。"

"我并没有问你是谁的爸爸，而是问你是谁？"

"我曾是一位教师。"

"我也没有问你的职业，而是问你是谁？"

他们就这样对答下去，可是，不论他给予什么答案，似乎也没有答对那个问题："你是谁？"

“我是有一颗爱心，而且，时常会帮助穷苦和有需要者的人。”

“我也不是问你做了什么，我是想问究竟你是谁？”

这个男人始终没有回答这个问题，当他从病中康复过来后，他决意找出他自己究竟是谁。此后，他的生活完全改变了，一改过去的盲目与空虚，他的人生变得丰富而充盈。

所以为自己喝彩，首先就要从认识自己开始。要清楚自己对自己的期望，为自己的人生而活。

为自己喝彩，不必有半点儿的矜持，完全可以大大方方，潇潇洒洒，只要你相信自己。为自己喝彩，不是自我陶醉，不是故弄玄虚，不是阿Q精神，而是一种超脱的人生境界。

也许你是一只烧制失败、一经面世就遭冷遇的瓷器，没有凝

风吹哪页读哪页，哪页不懂撕哪页

脂样的釉色，没有龙凤呈祥的花纹。可当你摒弃杂质，从泥坯变为瓷器的时候，你的生命已在烈火中变得美丽，你应为此而深感欣慰。

也许你是一块矗立于山中终生承受日晒雨淋的顽石，丑陋不堪并且平凡无奇，在沧海桑田的变迁中，被人恒久地遗忘在乱石蒿草之间。可你同样应该自豪，因为你毕竟仰视天宇傲对霜雪，展现出了属于你自己的独立姿态，不随意倒下也不黯然消失，便是你内在的价值。

也许你只是一朵日渐凋零的小花，只是一片被秋风吹落的树叶，只是一张被人不经意间揉皱了的白纸，只是一片悠悠的云彩，只是一阵无形的清风，或者只是任何人眼中匆匆的一瞥和嘴角边轻轻地一声叹惋，但你仍可以为你曾经有过的存在而骄傲，你仍然可以为自己喝彩。

曾获得过世界冠军的羽毛球选手熊国宝在一次接受访问时，记者照惯例问他："你能赢得世界冠军，最感谢哪个教练的栽培？"

熊国宝想了想，坦诚地说："如果真要感谢的话，我最该感谢的是自己的坚持和努力。就是因为没有人看好我，只有我自己看好我自己，我才有了今天。"

原来在熊国宝入选国家代表队时，只是一个陪练的角色，虽然球已打得不错，但从来没有被视为是能为国争光的人选。他沉默寡言，年纪又比最出色的选手稍长，没有一点儿运动明星的样子，教练选了他，并不是要栽培他，而是要他陪着明星选手练球。有许多年的时间，他每天打球的时间都比别人长很多，因为他是很多队友的最佳陪练。拍子线断了，他就换上一条线，鞋子破了补上一块橡胶，球衣破了就补块布，零下十几度的冬天，他依然早上 5 点去晨跑练体力。做这些事，他并不在意，因为他知道自己一定能行。

有一年他替补入选参加世界大赛，第一场就遇到最强劲的对手，大家都当他是去当"炮灰"的，没有人在意他会不会打赢。没想到他竟然势如破竹般一路赢了下去，甚至击败了教练心中最有希望夺冠的队友，赢得了世界冠军，一战成名。

没有伯乐，熊国宝仍旧证明了自己是千里马。无论别人怎么看他，他都一直在心里为自己喝彩。如果连他自己都不为自己喝彩的话，他又如何能够战胜通往冠军之路上的困难呢？

从呱呱坠地，我们便开始一路风雨、一路艰辛地走着。风雨总是时刻考验着你，有时它将你五彩缤纷的梦撞碎，有时它将你的苦心经营当作泡影消散，有时路途中突然下一阵苦雨，突然刮一阵寒风。但无论对谁，生活都是公平的，人生的不同实际在于对自己的态度。

所以，为自己喝彩吧！铮铮地鼓起勇气，静静地梳理梦想，去完成你的使命，你的光荣。笑对沧桑，看云卷云舒；任往事变迁，观庭前花开花落。为自己喝彩，人生的旅途中终有一盏明灯指引着你走过水深火热，泥泞沼泽，走进繁花似锦，丽日阳春。

在生活中我们常常为别人喝彩，羡慕别人的优点，而对自己

风吹哪页读哪页，哪页不懂撕哪页

的优点视而不见，不以为意。于是喝彩也因寂寞而悄然离去，只剩下垂头丧气的自己。而有一首歌中唱道："你我走上舞台，唱出心中的爱，迈出青春节拍，为我们的今天喝彩。"这首歌唱得多好，它能激起我们对未来的热情与向往，敢于为自己美好的青春与活力高歌，让悦耳的掌声为自己响起来，让我们大胆地为自己喝彩！

人生是寂寞、坎坷、孤独的一段旅程，在漫长的行程中是常需对自己喝一声彩的。为自己喝声彩，它就会给你带来一声号角，一杆旗帜，犹如一盏灯，一根拐杖引领着你向前走，走过一个个的坎儿，经受住一次次的考验，重踏脚下的那方土，最终走出一条路。

跌倒也不空着手爬起来

每个人都是尚未被发掘的天才，一旦你体内沉睡着的不可估量的潜能被激发出来，你就会发现世界上并没有你无法战胜的困难。

潜能开发大师迈可葛夫说过："你带着成为天才的潜力来到人世，每个人都是如此。"每个人都有着巨大的潜能，善于发现并挖掘它，它就能为你所用。忽视或遗忘它的存在，它便沉睡在生命的角落。许多人连做梦也想不到在自己的身体里蕴藏着那么大的潜能，有着能够彻底改变他们一生的能力。

对于人类所拥有的无限潜能，迈可葛夫曾讲过这样一个小故事：

　　一位已被医生诊断为残疾的美国人，名叫梅尔龙，靠轮椅代步已12年。他的身体原本很健康，19岁那年，他赴越南打仗，被流弹打伤了背部的下半截，被送回美国医治。经过治疗，他虽然逐渐康复，却没法行走了。

　　他整日坐轮椅，觉得此生已经完结，有时就借酒消愁。有一天，他从酒馆出来，照常坐轮椅回家，却不巧遭遇三个劫匪动手抢他的钱包。他拼命呼救并拼命抵抗，却激怒了劫匪，他们竟然放火烧他的轮椅。轮椅突然着火，梅尔龙忘记了自己是残疾人，于是他拼命逃走，竟然一口气跑了一条街。事后，梅尔龙说："如果当时我不逃走，就必然会被烧伤，甚至被烧死。我忘了一切，一跃而起，拼命逃跑，直到停下脚步，才发觉自己能够走路了。"现在，梅尔龙已在美国奥马哈城找到一份职业，他已身体健康，能够和常人一样行走。

　　人的潜能犹如一座待开发的金矿，蕴藏无穷的财富，而我们每个人都有这样一座"潜能金矿"。但是，由于各种原因，每个人的潜能从没得到淋漓尽致的发挥。潜能是人类拥有得最大而又开发得最少的宝藏！无数事实和许多专家的研究成果告诉我们：每个人身上都有巨大的潜能还没有被开发出来。

　　1960年，哈佛大学的罗森塔尔博士曾在美国加利福尼亚州的一所学校做过一个著名的实验。新学年开始时，罗森塔尔博士让校长把三位教师叫到办公室，对他们说："根据你们过去的教学表现，你们是本校最优秀的老师。因此，我特意挑选了 100 名全校最聪明的学生组成三个班让你们教。这些学生的智商比其他孩子更高，希望你们能引导他们取得更好的成绩。"

三位老师都高兴地表示一定尽力。校长又叮嘱他们，对待这些孩子，要像平常一样，不要让孩子或孩子的家长意识到他们是被特意挑选出来的，老师们都答应了。

1 年之后，这三个班学生的学习成绩果然排在整个学区的前列。这时，校长告诉了老师们真相：这些学生并不是特意挑选出的最优秀的学生，只不过是随机抽调的普通的学生。教师也不是特意挑选出的全校最优秀的教师，不过也是随机抽调的普通老师罢了。

可见，每一个人都有能力做到最好，你所要做的，就是充分发挥聪明的潜能，奔向自己的目的地。正如爱默生所说："我所需要的，就是去做我力所能及的事情。"

美国学者詹姆斯根据其研究成果说：普通人只开发了他所蕴藏潜能的十分之一，与应当取得的成就相比较，我们不过是半醒着的。我们只利用了我们身心资源的很小的一部分。要是人类能够发挥大部分的大脑功能，那么可以轻易地学会 40 种语言、背诵整本百科全书、获得 12 个博士学位。这种描述相当合理，一点儿也不夸张。所以说，并非大多数人命里注定不能成为"爱因斯坦"，只要发挥了充分的潜能，任何一个平凡的人都可以成就一番惊天动地的伟业，都可以成为另一个"爱因斯坦"。

世界顶尖潜能开发专家安东尼·罗宾指出，人在绝境或遇险的时候，往往会发挥出超乎寻常的能力。当人没有退路时，就会产生一股"爆发力"，即潜能。

　　一位农夫在谷仓前面注视着一辆轻型卡车快速地开过他的土地。他14岁的儿子正开着这辆车，农夫的儿子由于年纪还小，还不够资格考驾驶执照，但是他对汽车很着迷，而且已经能够操控一辆汽车。因此农夫就准许他在农场里开这辆客货两用车，但是严禁他上外面的路。

　　突然间，农夫看见汽车翻到了水沟里，他大为惊慌，急忙跑到出事地点。他看到沟里有水，而他的儿子被压在车子下面，躺在那里，只有头部勉强露出水面。这位农夫并不是很高大，只有170厘米高，70千克重。

　　但是他毫不犹豫地跳进水沟，把双手伸到车下，把车子抬了起来，让另一位跑来援助的工人把那失去知觉的孩子从下面拽出来。

　　当地的医生很快赶来了，给男孩进行了全面的检查，只有一点儿皮肉伤。

　　这个时候，农夫却困惑了起来，刚才他去抬车子的时候根本没有停下来想一想自己是不是能抬得动，由于好奇，他就再试一次，结果根本就抬不动那辆车子。医生说这是奇迹，他解释说身体机能对紧急状况产生反应时，肾上腺就会大量分泌出激素，传到整个身体，产生出额外的能量。这就是他可以抬起车子的唯一

　　风吹哪页读哪页，哪页不懂撕哪页～～～～～

解释。

由此可见，每个人都存在极大的潜能。这一类的事还告诉我们另一个更重要的事实，农夫在危急情况下产生的超常的力量，并不仅是肉体反应，它还涉及心智和精神方面的力量。当他看到自己的儿子可能要被淹死的时候，他的心智反应是要去救儿子，一心只想把压着儿子的卡车抬起来，来不及有其他的想法。可以说是精神上的反应促使肾上腺素的分泌引发出潜在的力量，而如果需要更大的体力，心智状态还可以产生出更大的力量。

人的潜能是无限的，关键在于正确认识自己、相信自己，发挥自己的力量。

其实每个人对自己最高的才能、最大的力量往往不能很好地认识，只有在大变故或生命危难之时，才能把它激发出来，而这个激发之人就是你自己。

爱迪生曾经说："如果我们做出所有我们能做的事情，毫无疑问地会使我们自己大吃一惊。"但是，在生活中很多人从来没有期望过自己能够做出什么了不起的事来。这就是问题的关键所在，正是因为我们只把自己困在我们自我期望的范围内，我们才无法发挥自己的潜力。

安东尼·罗宾告诉我们，所有的成功者都不是天生的，成功的根本原因是开发了人无穷无尽的潜能。只要我们抱着积极的心态去开发自己的潜能，尤其是在困境之中，我们就会有用不完的能量，我们的能力就会越用越强。

相反，如果我们抱着消极的心态，不去开发自己的潜能，那我们只能叹息命运不公，并且越消极越无能！

把自己"逼"上巅峰

把自己"逼"上巅峰，首先要给自己一片没有退路的悬崖，这样才能发挥出自己最大的能力，力挽狂澜的秘密就在于此。

中国有句成语叫"背水一战"。它的意思是背靠江河作战，没有退路，我们常常用它来比喻决一死战。背水一战，其实就是把自己的后路斩断，以此将自己逼上"巅峰"。这个成语来源于《史记·淮阴侯列传》，这个典故对于处于困境中的人来说，至今仍有着启示意义。

韩信是汉王刘邦手下的大将，为了打败项羽，夺取天下，他为刘邦定计，先攻取了关中，然后东渡黄河，打败并俘虏了背叛刘邦、听命于项羽的魏王豹。接着韩信开始往东攻打赵王歇。

在攻打赵王时，韩信的部队要通过一道极狭的山口，叫井陉口。赵王手下的谋士李左军主张一面封锁住井陉口，一面派兵抄小路切断汉军的辎重粮草，这样韩信小数量的远征部队没有后援，就一定会败退。但大将陈余不听，仗着兵力优势，坚持要与汉军正面作战。韩信了解到这一情况，对战况有些担心，但他同时心生一计。他命令部队在距离井陉口15千米的地方安营，到了半夜，命令将士们吃些点心，告诉他们打了胜仗再吃饱饭。随后，他派遣两千轻骑从小路隐蔽前进，要他们在赵军离开营地后

风吹哪页读哪页，哪页不懂撕哪页

迅速冲入赵军营地，换上汉军旗号；又派一万军队故意背靠河水排兵布阵引诱赵军。

到了天明，韩信率军发动进攻，双方展开激战。不一会儿，汉军假意败回水边阵地，赵军全部离开营地，前来追击。这时，韩信命令主力部队出击，背水结阵的士兵因为没有退路，也回身猛扑敌军。赵军无法取胜，正要回营，忽见营中已插满了汉军旗帜，于是四散奔逃。汉军乘胜追击，以少胜多，打了一个大胜仗。

在庆祝胜利的时候，将领们问韩信："兵法上说，列阵可以背靠山，前面可以临水泽。现在您让我们背靠水结阵，还说打败赵军再饱饱地吃一顿。我们当时并不相信，然而最后竟然取胜了，这是一种什么策略呢？"

韩信笑着说："这也是兵法上有的，只是你们没有注意到罢了。兵法上不是说'陷之死地而后生，置之亡地而后存'吗？如果是有退路的地方，士兵都逃散了，怎么能让他们拼死一搏呢！"

所以在生活中，当我们遇到困难与绝境时，我们也应该如兵法中所说那样"置之死地而后生"，要有背水一战的勇气与决心，这样才能发挥自己最大的能力，将自己逼上生命的巅峰。在这种情况下，往往事情会出现极大的转机。

　　给自己一片没有退路的悬崖，把自己"逼"上巅峰，从某种意义上来说，是给自己一个向生命高地冲锋的机会。如果我们想改变自己的现状，改变自己的命运，那么就必须调整自己的心态。只要有背水一战的勇气与决心，我们就一定能突破重重障碍，走出绝境。

　　所以我们要保持这样的心态，使自己处于不断积极进取的状态，培养出自信、自爱、坚强等品质，这些品质可以让你的能力源源涌出。你若是想改变自己的处境，那么就改变自己身心所处的状态，勇敢地向命运挑战。一旦你决心背水一战，勇敢一搏，你便可以把你蕴藏的无限潜能充分发挥出来，让自己创造奇迹，做出令人瞩目的成绩，登上命运的巅峰。

第 9 章

答案在路上，
自由在风里

你要相信，没有到达不了的明天

当生活陷入困顿，人生陷入低谷，这个时候你在想些什么？就愿意这样过一辈子吗？当然不愿意。面对生活的不幸，我们只有依靠坚韧的态度去承担风雨，才有机会重见阳光。

世界上最容易、最有可能取得成功的人，就是那些坚忍不拔的人。无论你现在的境况如何，都要坚定不移、百折不挠。

莎莉·拉斐尔是美国著名的电视节目主持人，曾经两度获奖。在美国、加拿大和英国每天有800万观众收看她主持的节目。可是她在30年的职业生涯中，却曾被辞退18次。

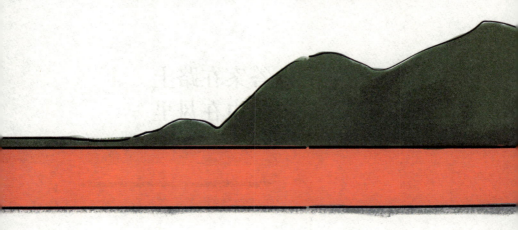

风吹哪页读哪页，哪页不懂撕哪页

刚开始，美国大陆的无线电台都认定女性主持人不能吸引观众，因此没有一家电台愿意雇用她。她便迁到波多黎各，苦练西班牙语。有一次，多米尼亚共和国发生暴乱事件，她想去采访，可通讯社拒绝她的申请。于是她自己凑够旅费飞到那里，采访后将报道卖给电台。

1981 年她被一家纽约电台辞退，无事可做的时候，她有了一个节目构想。虽然很多国家广播公司觉得她的构想不错，但碍于她是女性，最终还是放弃了。最后她终于说服了一家公司，并受到了雇用，但她只能在政治台主持节目。尽管她对政治不熟，但还是勇敢尝试。1982 年夏，她的节目终于开播。她充分发挥自己的长处，畅谈 7 月 4 日美国国庆对自己的意义，还与观众通过电话互动交流。令人想不到的是，节目很成功，观众非常喜欢她的主持方式，所以她很快成名了。

当别人问她成功的经验时，

她发自内心地说:"我被辞退了 18 次,本来大有可能被这些遭遇所吓退,做不成我想做的事情。但结果恰恰相反,它们鞭策了我前进。"

正是这种不屈不挠的性格使莎莉在逆境中避免了一蹶不振、默默无闻的一生,走向了成功。

任何成功的人在获得成功之前,没有不遭遇失败的。爱迪生在经历了一万多次失败后才发明了灯泡,沙克也是在尝试了无数介质之后,才培养出脊髓灰质炎疫苗。

"你应把挫折当作是使你发现你思想的特质,以及你的思想和你明确目标之间关系的测试机会。"如果你真能理解这句话,它就能调整你对逆境的反应,并且激励你继续为目标努力。挫折绝对不等于失败,除非你自己这么认为。

爱默生说过:"我们的力量来自我们的软弱,直到我们被戳、被刺,甚至被伤害到疼痛的程度时,才会唤醒包藏着神秘力量的愤怒。伟大的人物总是愿意被当成小人物看待。当他坐在占有优势的椅子中时会昏昏睡去,当他被摇醒、被折磨、被击败时,便有机会可以学习一些东西了。此时他必须运用自己的智慧,发挥他的刚毅精神,了解事实真相,从他的无知中学习经验,治疗好他的自负。最后,他会调整自己并且学到真正的技巧。"

因此,无论经历怎样的失败和挫折,你都要从精神上去战胜它,别把它当一回事,甩甩手,从头再来,成功终究会来临。

信念就是成功的天机

俄国的列宁曾经说过："没有原则的人是无用的人，没有信念的人是空虚的废物。"一个人不怕能力不够，就怕失去了前进的信念。拥有信念的人，从某种意义上说，就是不可战胜的人。

在山东省有一个不起眼的小村子叫姜村。这个小村子因为这些年几乎每年都有几个人考上大学、硕士甚至博士而声名远扬。方圆几十里以内的人们没有不知道姜村的，当地人都说，姜村就是那个出大学生的村子。久而久之，人们不叫它姜村了，大学村成了姜村的新村名。

姜村只有一所小学校，每一个年级都只有一个班。以前，一个班只有十几个孩子。现在不同了，方圆十几个村，只要在村里有亲戚的，都千方百计把孩子送到这里来。朴实的村民认为，把孩子送到姜村，就等于把孩子送进大学了。

在惊叹姜村奇迹的同时，人们也都在问、在思索：是姜村的水土好吗？是姜村的父母掌握了教育孩子的秘诀吗？还是别的什么原因？假如你去问姜村的人，他们可能不会告诉你什么，因为他们对于所谓的秘密似乎也一无所知。

在20多年前，姜村小学来了一个50多岁的老教师。听人说这个教师曾是一位大学教授，不知是什么原因来到了这个偏远的小村子。这个老师教了不长时间以后，就有一个传说在村里流传：这个老师能掐会算，他能预测孩子的前程。于是，有了下面的情形：有的孩子回家说，老师说了，我将来能成数学家；有的孩子说，老师说我将来能成作家；有的孩子说，老师说我将来能成音乐家；有的孩子说，老师说我将来能成为像钱学森那样杰出的人；等等。

不久，家长们又发现，他们的孩子与以前不大一样了。他们变得懂事而好学，好像他们真的是成为数学家、作家、音乐家的料。

老师说会成为数学家的孩子，对数学的学习更加刻苦；老师说会成为作家的孩子，语文成绩更加出类拔萃。孩子们不再贪玩，不用像以前那样严加管教，都变得十分自觉。因为他们都被灌输了这样的信念：他们将来都是杰出的人，而有爱玩、不刻苦等特点的孩子都是成不了杰出人才的。

家长们将信将疑，莫非孩子真的有潜力，被老师道破了天机？

就这样过去了几年，奇迹发生了。这些孩子到了参加高考的时候，大部分都以优异的成绩考上了大学。

这个老师在姜村人的眼里变得神乎其神，他们让他看自己的房屋，预测自己的命运。这个老师却说，他只会给学生预测，不会其他的。

后来，老教师上了年纪，回到了城市，但他把预测的方法教给了接任的老师。接任的老师还在给一级一级的孩子预测着，而且，他们遵守着老教师的嘱托：不把这个秘密告诉给村里的人们。

强烈的自信心和由此产生的崇高信念，能产生使人奋进的巨大能量。你相信自己会成为什么人，往往就真的会成为什么人，成功总是与自信同路。

　　人可以缺少一点儿能力，但不能没有信念。如果你现在还在迷迷糊糊地混日子，那你就该思考一下自己的前途了。

人生本无意义，需要自己确立

　　"吃饭是为了活着，但活着绝不是为了吃饭。"这句话告诉我们：人生需要一个明确的意义。有的人追求爱情，为爱情百折不回、无怨无悔；有的人追求金钱，为金钱殚精竭虑、夙兴夜寐；有的人追求友情，为朋友两肋插刀、赴汤蹈火；有的人追求名誉，为名誉立身持正、两袖清风……

　　人们都有所追求，追求本身便是自己给自己设立的人生意义。倘若没有追求、没有渴望，人生就如同嚼蜡，缺少滋味。有人说："成功有成功的条件，想成功必须先建立良好的观念，否则就可能差之毫厘，谬以千里。"所谓良好的观念有很多，比如"一分耕耘、一分收获""只求付出、不求回报""有志者事竟成"……每一种观念的确立，其实都是一条通往人生意义的路径。

　　子曰："不曰'如之何，如之何'者，吾未如之何也已矣！"这句话的意思是，一个不说"怎么办？怎么办"的人，我也不晓得他该怎么办了。如果一个人对任何事情都不多加思索，不想寻找解决困难的方法，不想得到问题的答案，只是糊里糊涂地日复一日，那

么就连孔子这样的圣人都不知道该如何开导他了。

作家毕淑敏在某所大学做演讲时，不断有学生递上字条提出自己的疑问。字条上提得最多的问题是——"人生有什么意义？请你务必说实话，因为我们已经听过太多言不由衷的假话了。"

她把这个问题读了出来，并说："你们今天提出这个问题很好，我会讲真话。我在西藏阿里的雪山之上，面对着浩瀚的苍穹和壁立的冰川，如同一个茹毛饮血的原始人，反复地思索过这个问题。我相信，一个人在他年轻的时候是会无数次地叩问自己：'我的一生，到底要追索怎样的意义？'我想了无数个晚上和白天，终于得到了一个答案。今天，在这里，我将非常负责地对你们说，我思索的结果是：人生是没有任何意义的！"

这句话说完，全场出现了短暂的寂静，但紧接着就响起了暴风雨般的掌声。这可能是毕淑敏在演讲中获得的最热烈的掌声。在以前，她从来不相信有"暴风雨"般的掌声，她觉得那只是一

风吹哪页读哪页，哪页不懂撕哪页

个夸张的比喻。但这一次，她却亲耳听到了。虽然她做了一个"暂停"的手势，但掌声还是延续了很长时间。

等掌声渐止，毕淑敏接着说道："大家先不要忙着给我鼓掌，我的话还没有说完。我说人生是没有意义的，这不错。但是，我们每一个人要为自己确立一个意义！是的，关于人生意义的讨论，充斥在我们的周围。

"很多说法，由于熟悉和重复，已让我们从熟视无睹滑到了厌烦，可是这不是问题的真谛。真谛是，别人强加给你的意义，无论它多么正确，如果它不曾进入你的内心，它就永远是身外之物。

"例如，我们从小就被家长灌输过人生意义的答案。在此后漫长的岁月里，谆谆告诫的老师和各种类型的教育，也都不断地向我们灌输人生意义的补充版。但是有多少人把这种外在的框架当成自己内在的标杆，并为之下定了奋斗终生的决心？"

"人生是没有意义的，但你要为之确立一个意义。"这是何其朴素又何其深刻的道理！人生需要我们为之确立一个意义。生活若缺少了意义，就缺少了乐趣，一个人就会变得浑浑噩噩，感到空虚和麻木。因此我们需要给人生确定一个鲜明的意义。这个意义，要经得起时间的考验，随着时间的流逝，你不会为之感到后悔；这个意义，能赶走生命的颓废和空虚，带来愉快和欣喜；这个意义，能永远璀璨、不会变质，值得为之舍弃很多其他东西。一般来说，这个意义若要无悔，必定与感情有关、与金钱无关。

人生的意义，必须包含一些精神上的寄托，如此才能让人感到生命无悔。

明确的目标是一切成功的起点

一个连自己的人生观都还没有确定、学问道德修养都还不够的人，是没有资格直接去评价别人行为的得失的。一个人没有自己的人生观，没有人生的方向，只是盲目地跟着环境在转，那是人生最悲哀的事。人生有自我存在的价值，选择一个目标，也等于明确了人生的方向，这样才不至于迷失。

比塞尔是西撒哈拉沙漠中的一颗明珠，每年有数以万计的旅游者来到这里。可是在肯·莱文发现它之前，这里还是一个封闭而落后的地方。这里的人没有一个走出过大漠，据说不是他们不愿离开这块贫瘠的土地，而是尝试过很多次都没有走出去。

肯·莱文当然不相信这种说法。他用手语向这里的人问原因，结果每个人的回答都一样：从这里无论向哪个方向走，最后还是会转回到出发的地方。为了证实这种说法，他做了一次试验，从比塞尔村向北走，结果三天半就走了出来。

比塞尔人为什么走不出去呢？肯·莱文非常纳闷，最后他决定雇一个比塞尔人，让他带路，看看到底是怎么回事？他们带了半个月的水，牵了两峰骆驼。肯·莱文收起指南针等现代设备，只挂一根木棍跟在后面。

10天过去了，他们走了大约1000千米的路程，第11天早

风吹哪页读哪页，哪页不懂撕哪页

晨，果然又回到了比塞尔。

这一次肯·莱文终于明白了，比塞尔人之所以走不出大漠，是因为他们根本就不认识北斗星。在一望无际的沙漠里，一个人如果只凭着感觉往前走，他会走出许多大小不一的圆圈，最后的足迹十有八九是一把卷尺的形状。比塞尔村处在浩瀚的沙漠中间，方圆上千千米没有任何参照物，若不认识北斗星又没有指南针，想走出沙漠，确实是不可能的。

肯·莱文在离开比塞尔时，带了一位叫阿古特尔的青年，就是上次和他合作的人。他告诉阿古特尔，只要你白天休息，夜晚朝着北面那颗星走，就能走出沙漠。阿古特尔照着去做了，3 天之后果然来到了大漠的边缘。阿古特尔因此成为比塞尔的开拓者，他的铜像被竖在小城的中央。铜像的底座上刻着一行字：新生活是从选定方向开始的。

一个辉煌的人生在很大程度上取决于人生的方向，个人的幸福生活也离不开方向的指引。确立人生的方向是人一生中最值得认真去做的事情。你不仅需要自我反省、向人请教"我是什么样的人"，而且还需要很清楚地知道"我究竟需要什么"，包括想成就什么样的事业、结交什么样的朋友、培养和保留什么样的兴趣爱好、过一种什么样的生活。这些选择是相对独立的，但却是在一个系统内的，彼此是呼应的，从而共同确定人生的方向。

闻名于世的摩西奶奶是美国弗吉尼亚州的一位农妇，76 岁时因关节炎放弃农活。这时她又给自己设立了一个新的人生方向，开始了她梦寐以求的绘画事业。80岁时，她到美国纽约举办个人画展，引起了意外的轰动。她活了101岁，一生留下绘画作品600余幅，甚至在生命的最后一年还画了40多幅。

不仅如此，摩西奶奶的故事也影响到了日本大作家渡边淳一。渡边淳一从小就喜欢文学，可是大学毕业后，他一直在一家医院里工作，这让他感到不适应。

马上就30岁了，他不知该不该放弃那份令他讨厌却收入稳定的工作，以便从事自己喜欢的写作。于是他给闻名已久的摩西奶奶写了一封信，希望得到她的指点。摩西奶奶很感兴趣，当即给他寄了一张明信片，她在上面写下这么一句话："做你喜欢做的事，哪怕你现在已经80岁了。"

人生是一段旅程，方向很重要，每个人都可以掌握自己人生的方向。找到人生方向的人是最快乐的人。他们在每天的生活中体验这些，追求一种能令他们愉悦和满意的生活。他们的生活是与他们所向往的人生方向一致的，对人生方向的追求使他们的生命更加有意义。

人生的方向也是人生的哲学。在追求自己人生方向的过程中，应不断地进行总结。这并不是说你正处于一个人生的危急关头，不得不在你未来的目标和你的职业道路之间做出选择，而是从一开始就给自己选定人生的方向，这才是最关键的人生问题。

目标有价值，人生才有价值

关于人生，关于价值，著名哲学家黑格尔有一个著名的论断，他说："目标有价值，人生才有价值。"可见目标对于人生的重要性。只有了解了自己为何有此一生，并确立了自己所要完成的目标，人生才会变得更有意义。因此，我们要树立自己的目标，而且要树立有价值的目标。

有一次，在高尔夫球场，罗曼·V.皮尔在草地边缘把球打进了杂草区。有一个青年刚好在那里清扫落叶，就和他一起找球。那时，那青年很犹豫地说："皮尔先生，我想找一个时间向你请教。"

"什么时候呢？"皮尔问道。

"哦！什么时候都可以。"青年似乎颇为意外。

"像你这样说，你是永远没有机会的。这样吧，30分钟后在第18洞见面谈吧！"皮尔说道。30分钟后他们在树荫下坐下，皮尔先问他的名字，然后说："现在告诉我，你有什么事要同我商量？"

"我也说不上来，只是想做一些事情。"青年说。

"能够具体地说出你想要做的事情吗？"皮尔问。

"我自己也不太清楚。我很想做和现在不同的事，但是不知道做什么才好。"青年显得很困惑。

"那么，你准备什么时候实现那个还不能确定的目标呢？"

皮尔又问。

青年对这个问题似乎既困惑又激动，他说："我不知道。我的意思是有一天想做某件事情。"于是皮尔问他喜欢什么事。他想了一会儿，说想不出有什么特别喜欢的事。

"原来如此，你想做某些事，但不知道做什么好，也不确定要在什么时候去做，更不知道自己最擅长或喜欢的事是什么。"皮尔说。

听皮尔这样说，青年有些不情愿地点头说："我真是一个没有用的人。"

"哪里。你只不过是没有把自己的想法加以整理，或缺乏整体构想而已。你人很聪明，性格又好，又有上进心。有上进心才会促使你想做些什么。我很喜欢你，也信任你。"皮尔说。

皮尔建议他花 2 个星期的时间考虑自己的将来，并明确决定自己的目标，不妨用最简单的文字将它写下来。然后估计何时能顺利实现，得出结论后就写在卡片上，再来找自己。

2 个星期以后，那个青年显得有些迫不及待，至少精神上看来像完全变了一个人似的在皮尔面前出现。这次他带来明确而完整的构想，并且掌握了自己的目标，那就是要成为他现在工作的高尔夫球场经理。现任经理 5 年后退休，所以他把达到目标的日期定在 5 年后。

他在这 5 年的时间里学会了担任经理必备的学识和领导能力。经理的职务一旦空缺，没有一个人是他的竞争对手。

风吹哪页读哪页，哪页不懂撕哪页

又过了几年，他的地位依然十分重要，成了公司不可缺少的人物。他根据自己任职的高尔夫球场的人事变动决定未来的目标。现在他过得十分幸福，非常满意自己的人生。

塞涅卡有一句名言说："如果一个人活着不知道他要驶向哪个码头，那么任何风都不会是顺风。有人活着却没有任何目标，他们在世间行走，就像河中的一棵小草，他们不是行走，而是随波逐流。"

没有目标的人生就像没有方向的航船，只能在海上漫无目的地漂泊。为了掌握自己的人生，先要明确你的目标，找到努力的方向，再立即采取行动，不断努力提高自己的能力，促进自己的成长，这样才能获得满意的人生。

没有方向，什么风都是逆风

人生中，有时我们拥有太多太乱的东西，我们的心思太复杂，我们的负荷太沉重，我们的烦恼太无绪，诱惑我们的事物太多，这些大大地阻碍我们，无形而深刻地损害我们。生命如舟，载不动太多的欲望，怎样才能在抵达彼岸时不在中途搁浅或沉没？我们是否该选择放下，丢掉一些不必要的包袱，那样我们的旅程也许会多一些从容与轻松。

明白自己真正想要的东西是什么，并为之奋斗，如此才不枉费这仅有一次的人生。英国哲学家伯兰特·罗素说过，动物只要吃得饱，不生病，便会觉得快乐了。人也该如此，但大多数人并不是这样。很多人忙碌于追逐事业上的成功而无暇顾及自己的生活。他们在永不停息的忙碌中忘记了生活的真正目的，忘记了什么才是自己真正想要的。这样的人只能看到生活的烦琐与牵绊，而看不到生活的简单和快乐。

我们的人生要有所获得，就不能让诱惑自己的东西太多，不能让努力的方向过于分叉。我们要简化自己的人生，要学会有所放弃，要学习经常否定自己，把自己生活中和内心里的一些负担断然放弃掉。

仔细想想，你的生活中有哪些诱惑因素，是什么一直困扰着你，让你的心灵不能安宁，又是什么让你坚持得太累，是什么在阻止着你的快乐。把这些让你不快乐的包袱通通丢弃，只有放弃我们人生花园里的这些杂草害虫，我们才有机会同真正有益于自己的人和事亲近，才能获得适合自己的东西。我们才能在人生的土地上播下良种，致力于有价值的耕种，最终收获丰硕的粮食，在人生的花园中采摘到鲜艳的花朵。

所以，仔细想想你在生活中真正想要什么？认真审视一下自己肩上的背负，看看有多少是我们实际上并不需要的。这个问题看起来很简单，但是意义深刻，它对成功目标的制定至关重要。

要想得到生活中想要的一切，当然要靠努力和行动。但是，在开始行动之前，一定要搞清楚，什么才是自己真正想要的。打发时间并不难，随便找点儿什么活动都可以。但是，如果这些活动的意义不是你真正想要的，那你的生活就失去了真正的意义。你能否提高自己的生活品质，并且使自己满足、有所成就，完全取决于你自己真正需要什么，然后看你能不能尽量满足这些需要。

生活中最困难的一个过程就是要搞清楚我们自己究竟想要什么。大多数人都不知道自己真正想要什么，因为我们不曾花时间来思考这个问题。面对五光十色的世界和各种各样的选择我们更加不知所措，所以我们会不假思索地接受别人的期望来定义个人的需要和成功，社会标准变得比我们自己特有的需求还要重要。

我们总是太在意别人的看法，以致我们下意识地接受了别人强加于我们的种种动机。结果，我们努力过后才发现自己的需求一样都没能得到满足。更复杂的是，不仅别人的意见影响着我们

的想法，我们自己的想法本身也是变化莫测的。它们因为潜在的需要而形成，又因为不可知的力量不断演变。我们经常得到过去十分想要的，但现在却不再需要的东西。

如果有什么原因使我们总是得不到自己想要得到的东西，这个原因就是你并不清楚自己到底想要什么。在你决定自己想要什么、需要什么之前，不要轻易下结论，一定要先做一番心灵探索，真正地了解自己，把握自己的目标。只有这样，你才能在生活中满意地前行。

做真实的自己，过想过的生活

生命的真正意义在于能做自己想做的事情。如果我们总是被迫去做自己不喜欢的事情，永远不能做自己想做的事情，那么我们就不可能拥有真正幸福的生活。可以肯定，每个人都可以并且有能力做自己想做的事，想做某件事情的愿望本身就说明你具备相应的才能或潜力。

为了生存，或许你不得不做自己不愿意做的事情，而且似乎已经习惯了在忍耐中生活。拿出你的魄力，做你想做的事情，放飞你心灵的自由鸟吧。

"知人者智，自知者明。"无论多么困难，我们都应该找到自己内心深处真正需要的东西。甘愿迷失方向的人，他永远也走不出人生的十字路口。只有那些不愿随波逐流、不甘被陈规束缚自己的人，才有勇气和魄力解除捆绑自己身心的绳索，找到自己想做的事情，并从中享受幸福的感觉。

冲破世俗的罗网，克服内心的矛盾，真实地做一次自由的选择吧。生活本没有那么多的拘束，只是你自己不愿意改变现状，甘于这种无奈而已。

做自己想做的事情，这也是人生一大快事！

当然，能否做自己想做的事情在一定程度上取决于你是否具备该行业所要求的专业技能。

没有出色的音乐天赋，就很难成为一名优秀的音乐教师；没有很强的动手能力，就很难在机械领域游刃有余；没有机智老练的经商头脑，也很难成为一名成功的商人。

但是，即使你具备某种特长，也不能保证你就一定能够成功。有些人具有非凡的音乐天赋，但是，他们一生却从未登上大雅之堂；有些人虽然手艺高超，却未能过上富裕的生活；有些人虽具有出色的人际交往和经商能力，但他们最终却是失败者。

在追求成功和致富的过程中，人们所拥有的各种才能如同工具。好的工具固然必不可少，但是能否正确地使用工具同样非常重要。有人可以只用一把锋利的锯子、一把直角尺、一个很好的刨子就做出一件漂亮的家具，也有人使用同样的工具却只能仿制出一件拙劣的产品。原因在于后者不懂得有效利用这些精良的工具。你虽然具备才能并把它们作为工具，但你必须在工作中善于运用它们，充分发挥其作用，方能天马行空，来去自由。

当然，如果你拥有某一个行业所需要的卓越才能，那么，从事这个行业的工作，你会比别人有更多的自由度。一般说来，当你处在能够发挥自己特长的行业里，你会干得更出色，因为你天生就适合干这一行。但是，这种说法具有一定的局限性。任何人都不应该认为，适合自己的职业只能受限于某些与生俱来的资质，无法做出更多的选择。

　　做你想做的事，你将获得最大的自由感。做你最擅长的事，并且勤奋地工作，这是最容易取得成功的。

　　如果你具有想做某件事情的强烈愿望，这本身就可以证明，你在这方面具有很强的能力或潜能。你所要做的，就是去正确地

运用它，并且去不断巩固和发展它。

在其他所有条件相同的情况下，最好选择进入一个能够充分发挥自己特长的行业。但是，如果你对某个职业怀有强烈的愿望，那么，你应该遵循愿望的指引，选择这个职业作为你最终的职业目标。

做自己想做的事情，做最符合自己个性、让自己心情愉悦的事情，这是所有人的共同愿望。

谁都无权强迫你做自己不喜欢的事情，你也不应该去做这样的事情，除非它能帮助你最终获得自己所求的结果。

如果因为过去的失误，导致你进入了自己并不喜爱的行业，处在不如意的工作环境中。在这种情况下，你确实不得不做一些自己并不想做的事情。

但是，目前的工作完全有可能帮助你最终获得自己喜爱的工作。认识到这一点，看到其中蕴藏的机遇，你就可以把当前的工作变成一件同样令人愉悦的事情。

如果你觉得目前的工作不适合自己，请不要仓促换工作。通常说来，换行业或工作的最好方法，是在自身发展的过程中顺势而为，在现有的工作中寻找改变的机会。

当然，一旦机会来临，在深思熟虑地判断后，就不要害怕进行突然的、彻底的改变。但是，如果你还在犹豫，还不能得出明确的判断，那么，等时机成熟了，自己觉得有把握了再行动。

用自己的光，照亮自己的路

时下各种名义的聚会在年轻人中悄然流行着。也许在某次的聚会中你会遇见昔日一起毕业的好友，尽管当时你们才能相当，甚至他们不如你，但是他们现在有了自己的事业，或许成了某一阶层的"领导者"。他们之所以成功，也许是受过提拔，也许赶上了一个好的机遇，但是最重要的还是来自他们内心深处想要改变自己命运的想法。

通过下面的故事，我们来看看犹太人是如何改变自己的。

美国犹太商人朗司·布拉文 37 岁才开始学习经商。他的父亲在美国洛杉矶经营一所拥有 100 名员工的会计师事务所。朗司·布拉文在大学学的是会计学，毕业以后他直接进入父亲的会计师事务所工作。周围人都认为他会顺理成章地成为事务所的第二代继承人，但是，他总是觉得事务所的工作不适合自己，家族的期待反而成了他前进路上的绊脚石，难以摆脱。

既然他不适合眼下的工作，就只能离开。他辞职了，开始尝试经商。

进入商界十几年后，他的公司年交易额已达 35 亿日元。他主要向日本出口与体育有关的用品、服装及辅助设备等。经销地点除了美国公司本部的拉斯维加斯和日本外，还有瑞士。他真正的理想是建立一家全球规模的跨国公司。

生活需要靠自己去选择和创造，所以布拉文选择放弃会计师

事务所，而去追求自己擅长的领域。

　　追求成功，得靠实力，追求财富也离不开自身的拼搏。只要拥有了遇事求己的坚强和自信，人人都能成为自己的救世主。改变人生只能靠我们自己，凡事不要依靠别人施舍，也不要希望财富与成功可以不劳而获。只有将命运之舟紧紧地掌握在自己的手中，才能使它准确地驶向成功的彼岸。